汉竹主编•健康爱家系列

茶道入门从零开始学

戴玄 编著

江苏凤凰科学技术出版社
全国百佳图书出版单位

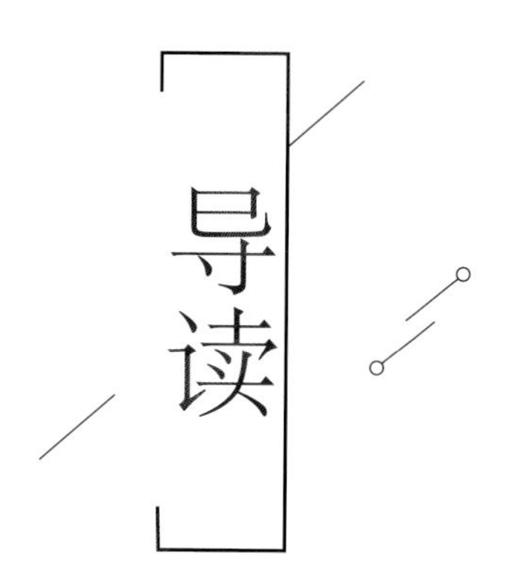

导读

中国被称为茶的故乡，不仅因为这里的土地孕育出世界最早的茶树，更因为这里的人们将茶视为一种沟通人与自然的生命。千百年来，人们在一碗茶汤中，感悟生命的真谛，唐朝人煎茶，宋朝人创造了点茶的喝法，明朝人一改吃茶的传统，品味到茶叶泡水的清香。岁月酿成了茶的味道，茶散发出灵魂的清香。

茶是一种文化，品茶是一门学问，清茶一杯，开始是浅浅苦涩，尔后悠悠一丝清甜从喉中溢出。品茶之道，在于心，在于艺，在于魂；品茶之理，在于境，在于人，在于品。寻得佳时，觅得佳境，品味好茶，一种很微妙的感觉会从心底荡开，只觉气舒神怡，心净神清，浮躁和张扬会一点点地被抽走，恬静和安逸自会一缕缕地流出来。

新手在学茶的路上可谓路漫漫其修远兮，众多的品种、复杂的程式、器具的讲究，都会让人无所适从。本书带你从零开始，入门茶道，在习茶的路上，坚持知之、好之、乐之的三个境界，你将会更懂茶。懂茶，不如爱好茶；爱好茶，不如以茶为乐。

目录
Contents

第1章

茶的前世今生

16 / 南方有嘉木
16 / 起源
18 / 形态
19 / 生长环境
20 / 方寸细品茶文化
20 / 一个传说
21 / 千古茶风
26 / 茶道千言化零落
26 / 何为茶道
28 / 人在草木间
30 / 一盏茗香遍天下

第2章

识茶鉴茶

34 / 绿茶

36 / 西湖龙井

37 / 碧螺春

38 / 黄山毛峰

39 / 太平猴魁

40 / 六安瓜片

41 / 庐山云雾

42 / 婺源茗眉

43 / 信阳毛尖

44 / 蒙顶甘露

45 / 径山茶

46 / 顾渚紫笋

47 / 安吉白茶

48 / 乌龙茶

50 / 铁观音

51 / 大红袍

52 / 冻顶乌龙

53 / 武夷肉桂

54 / 闽北水仙

55 / 铁罗汉

56 / 永春佛手

57 / 凤凰单枞

58 / 黄金桂

59 / 白鸡冠

60 / 文山包种

61 / 白毫乌龙

62 / 黑茶

64 / 普洱生饼茶

65 / 普洱熟饼茶

66 / 六堡茶

67 / 湖南黑茶

68 / 红茶

70 / 祁门红茶

71 / 正山小种

72 / 滇红工夫

73 / 金骏眉

74 / 政和工夫

75 / 坦洋工夫

76 / C.T.C 红碎茶

77 / 九曲红梅

78 / 黄茶

80 / 君山银针

81 / 霍山黄芽

82 / 蒙顶黄芽

83 / 莫干黄芽

84 / 白茶

86 / 白毫银针

87 / 白牡丹

88 / 花茶

90 / 茉莉花茶

91 / 玫瑰花茶

92 / 造型花茶

第 3 章

茶具

96 / 古今茶具大观

96 / 一器成名只为茗

100 / 百变材质皆入茶

102 / 选好器，泡好茶

104 / 入门必备茶具

104 / 煮水器

105 / 茶罐
106 / 茶壶
107 / 茶杯
108 / 盖碗
109 / 公道杯
110 / 茶盘
112 / 过滤网
112 / 滤网架
113 / 茶道六君子
114 / 茶荷
115 / 闻香杯
115 / 杯托
116 / 壶承
116 / 盖置
117 / 茶巾

118 / 废水桶

118 / 水盂

119 / 茶玩

120 / 壶中的乾坤

120 / 爱茶人的首选

122 / 好茶爱紫砂

123 / 千奇百怪的造型

124 / 慧眼挑好壶

125 / 养壶亦养心

第4章

泡茶品茗

128 / 聚水凝香

128 / 古人观水

130 / 现代用水

131 / 科学煮水增茶香

132 / 泡茶有道

132 / 泡茶基本手法

134 / 玻璃杯泡茶法

135 / 盖碗泡茶法

136 / 壶泡法

137 / 同心杯泡茶法

138 / 冲泡名茶

138 / 冲泡西湖龙井

140 / 冲泡碧螺春

142 / 冲泡黄山毛峰

144 / 冲泡铁观音

146 / 冲泡大红袍

148 / 冲泡冻顶乌龙

152 / 冲泡普洱生饼茶

154 / 冲泡普洱熟饼茶

156 / 冲泡祁门红茶

158 / 冲泡君山银针

160 / 冲泡白毫银针

162 / 冲泡茉莉花茶

164 / 办公室轻松泡茶

附录：茶俗茶事

166 / 茶事

166 / 茶圣

167 / 茶经

168 / 茶诗

169 / 茶画

170 / 茶俗

170 / 中华茶俗

171 / 天下茶俗

172 / 评茶常用语

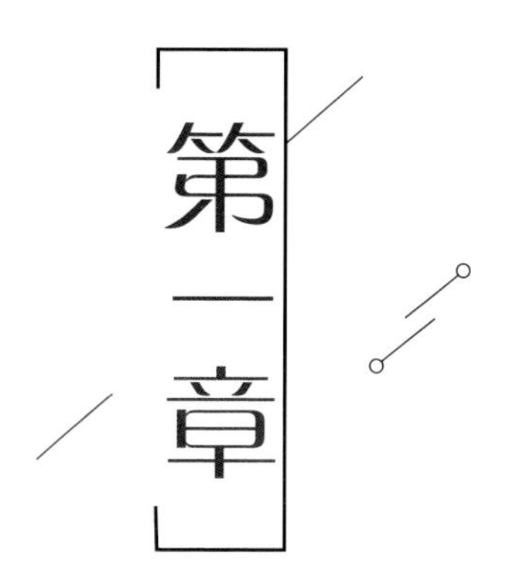

茶的前世今生

所谓习茶，其中蕴含的不仅是认识汲取了天地日月精华的茶叶，更重要的是了解它背后中华五千年的历史和文化内涵。如果没有后者，茶仅仅是解渴的饮料而已。所以，习茶、赏茶、悟茶道，需要从了解茶文化开始。

南方有嘉木

追寻中国茶文化的源头，首先要弄清茶叶的起源。“茶者，南方之嘉木也。”这是陆羽《茶经》中的第一句，也是我们数千年茶话的起点。

起源

茶树起源于何时？

按植物分类学的方法，可以追根溯源，先找到茶树的亲缘。据研究，茶树所属的被子植物，起源于中生代早期；双子叶植物的繁盛时期，是在中生代的中期；山茶科植物化石的发现，是在中生代末期白垩纪底层中；在山茶科里，山茶属是比较原始的一个种群，它出现在中生代的末期至新生代的早期；茶树在山茶属中是比较原始的一个种，如此分析，茶树起源至今已经有 6000 万年至 7000 万年的历史了。

而有文字记载，我们的祖先早在 3000 多年前的商周时期，就已经开始栽培和利用茶树。在见诸文字之前，人类发现茶树，学会使用茶树，又过了很长很长时间，一代一代人传承着用茶的经验……最后才见诸于文字记载。

漆雕秘閣

茶經卷上

唐竟陵陸羽鴻漸撰

一之源

茶者南方之嘉木也一尺二尺迺至數十尺其巴山峽川有兩人合抱者伐而掇之其樹如瓜蘆葉如梔子花如白薔薇實如栟櫚葉如丁香根如胡桃……其字或從草或從木或從木并……其名……

顺着《茶经》里的记载，展开想象，遥想那云南思茅地区已有 2700 多年历史至今仍然存活着的野生茶树，还有那片茂密的原始森林。一想到我们现在还饮用着与几千年前的祖先相同的饮品，它既古老又时尚，令人心潮澎湃。

茶树起源于何地?

那么，茶树发源于中国的何处？有这么几种说法：

1 西南说。我国西南部是茶树的原产地和茶叶发源地。这一说法所指的范围很大，正确性较高。

2 四川说。清顾炎武《日知录》中记载:“自秦人取蜀以后，始有茗饮之事。”言下之意，秦人入蜀前，今四川一带已知饮茶。

3 云南说。认为云南的西双版纳一带是茶树的发源地，这一带是植物的王国，故有原生的茶树种类存在，但是茶树是可以原生的，而茶叶则是活化劳动的成果。

4 川东鄂西说。陆羽《茶经》:“其巴山峡川，有两人合抱者。”巴山峡川即今川东鄂西。该地有如此出众的茶树，是否就有人将其利用做成了茶叶，目前还没有见到更多的证据。

5 江浙说。最近有人提出茶文化始于以河姆渡文化为代表的古越族文化。江浙一带目前是我国茶叶行业最为发达的地区，历史若能够在此生根，倒是很有意义的话题。

目前，中国有 10 个省区 198 处发现了野生大茶树，仅在云南省内，树干直径在 1 米以上的就有十多株，其中一株已有 2700 年的树龄，这些古老的大茶树是当今存世的活文物。

茶树喜光耐阴，适于在漫射光下生长。

形态

茶树树型一般分为乔木型、小乔木型和灌木型三种。

乔木型

茶树主干明显，分枝部位高，树高通常达 3~5 米，野生茶树可高达 10 米以上，这类茶树主根发达，多半属较原始的野生类型。乔木型茶树抗寒性弱，只适合在南方生长，采摘的叶子适合制作红茶，主要分布于我国的云南省、广东省、台湾省等地。

小乔木型

介于乔木、灌木间的中间类型，有较明显的主干与较高的分枝部位。茶树适应性强，采摘的叶子适合制作乌龙茶、红茶，也有制绿茶的，主要分布于我国的江南茶区南部。

灌木型

无明显的主干，树冠较矮小，自然状态下，树高通常达 1.5~3 米，分枝多出自近地面根茎处，分枝稠密。这种树叶子小，一般用来制作绿茶，在我国种植的面积较广。

无论是哪种类型的茶树，都是由地上部分的茎、芽、叶、花、果以及地下部分根组成，它们既有各自的形态和功能，又是不可分割的一部分，相互联系，相互作用，共同完成茶树的新陈代谢及生长发育过程。

生长环境

茶树的生长环境对茶叶的品质有很大的影响，茶叶的味道会随着生长地的土壤、雨量、气候、光照等条件的改变而发生变化。

茶树的种植条件

土壤：一般是土层厚达 1 米以上不含石灰石，排水良好的砂质壤土，有机质含量 1% ~2%以上，通气性、透水性或蓄水性能好。酸碱度以 4.5~6.5 为宜。

雨量：雨量平均，且年降雨量在 1500 毫米以上。不足和过多都有影响。

阳光：光照是茶树生存的首要条件，不能太强也不能太弱，对紫外线有特殊嗜好，因而高山出好茶。

温度：一是气温，二是地温，气温日平均需 10℃；最低不能低于 -10℃。年平均温度在 18~25℃。

地形：地形条件主要有海拔、坡地、坡向等。随着海拔的升高，气温和湿度都有明显的变化。在一定高度的山区，雨量充沛，云雾多，空气湿度大，漫射光强，这对茶树生长有利。但也不是愈高愈好，在 1000 米以上，会有冻害。一般选择偏南坡为好，坡度不宜太大，一般要求 30℃以下。

高山云雾出好茶

茶树是喜阴植物，“茶宜高山之阴，而喜日阳之早” 概括了茶树对环境的要求，明确指出优质茶叶产于向阳山坡有树木荫蔽的生态环境。因为据说茶树起源于我国西南地区亚热带雨林之中，在人工栽培之前，它和热带森林植物共生，被高大树木所荫蔽，在漫射光多的条件下生长发育，形成了喜温、喜湿、耐阴的生活习性。

自古以来，名茶就与名山大川有着不解之缘。高山云雾出好茶，早就为人们所认知。在海拔 800~1200 米的山地，云雾多、漫射光强、湿度大、昼夜温差大，正好满足了茶树生长发育的环境条件。

方寸细品茶文化

中国人喝茶已有上千年历史了，俗雅自处，已然成为了生活方式的一部分。而关于中国茶的历史和渊源，就有“神农遇茶”的神话传说。

一个传说

神农遇茶

相传神农为了天下众生遍尝百草，其中固然有一些可口的植物、有可充饥解饿的粮食，也有很多是有毒的植物。一天，神农尝了一种毒草后身体终于承受不住，百毒俱发，晕倒在山脚下，等到他悠悠转醒，发现身边有一棵小树，翠绿的叶子带着淡淡的清香，神农采下一片放入口中咀嚼起来，立刻芳香满口，原来身体的不适也消失得无影无踪。后来，神农把这棵小树移植到人类的聚居地，这棵树，就是一棵茶树。

关于神农遇茶的神话故事，也反映了原始社会时期中国南方氏族部落的变迁，这个部落住在川东和鄂西山区，他们发现了茶的药用，于是开始煮食茶叶。他们在西南的后裔，迁到了四川更广的地区；在湖边的后裔，迁到湖南、江西或更远的地方；向东迁到湖南的一部分又向北迁移；在河南定居后，又有一部分迁到了山东，把食用茶叶的习俗传到了黄河下游和长江流域。

茶在生活中

茶作为一种大众健康饮品，从遥远的神话传说走入了现代生活。这片片小小的叶子，已经根深蒂固地成为中国人日常生活中不可或缺的一个部分。开门七件事，柴米油盐酱醋茶，茶是生活的必需品；琴棋书画诗酒茶，茶更是生活品质的保证，文化与精神的寄托。茶已不仅是为先民驯化的原生植物，更融入到现代生活与文化中，化为一种生活方式。甚至可以说，中华文明的整体形成都离不开茶。

千古茶风

中国人与茶的千年情谊，无出其右。原来，茶也可以如酒，封存在岁月深处，和时光争输赢。

两汉：开启信史时代

茶的饮用与医药功能，在神农氏亲口咀嚼的尝试中为人们所发现。所以在最初很长的一个时期，茶一直被作为药品服用。直到秦、汉时期，由于人们发现了茶生津醒神的功能，人工栽培的茶树多起来，制茶和饮茶才渐成风气。

但是秦代以前的史籍，没有留下多少关于茶的资料，直到两汉时，茶才开始被广泛记载。在汉代文献中，不只《说文解字》等一类字书中，在一些医药著作和笔记中，也都出现了茶的专门介绍和记述，这是我国也是世界上关于茶最早的可靠和直接的记载。自此以后，我国茶叶便进入了有文字可据的信史时代。

比如在汉宣帝时代，王褒写过一篇《僮约》，其中谈到他给叫“便了”的仆役规定应该服务的几件事：除了炒菜、煮饭之外，其中就有“武阳买茶”。武阳是今四川成都附近的彭山县双江镇，茶叶能够成为商品在市场上自由买卖，说明西汉时饮茶之风至少已开始在中产阶级流行。

最早喜好饮茶的多是文人雅士。在我国文学史上，提起汉赋，首推司马相如与杨雄，且都是早期著名茶人。司马相如曾作《凡将篇》、扬雄作《方言》，一个从药用的角度，一个从文学角度都谈到了茶。

三国两晋：坐席竟下饮

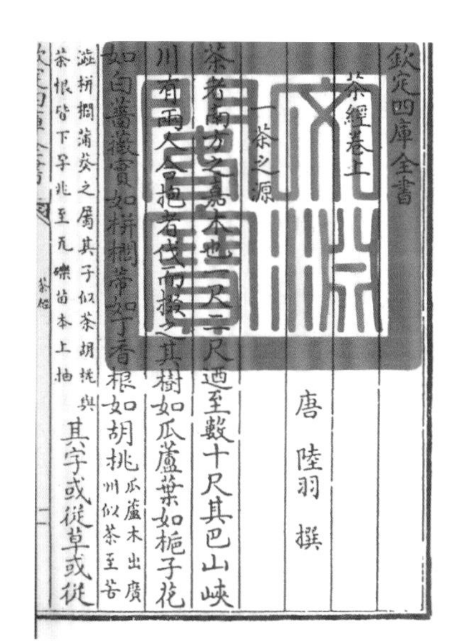
欽定四庫全書

茶經卷上

唐 陸羽 撰

一之源

茶者南方之嘉木也一尺二尺迺至數十尺其巴山峽川有兩人合抱者伐而掇之其樹如瓜蘆葉如梔子花如白薔薇實如栟櫚蒂如丁香根如胡桃瓜蘆木出廣州似茶至苦澁栟櫚蒲葵之屬其子似茶胡桃與茶根皆下孕兆至瓦礫苗木上抽其字或從草或從

茶以文化面貌出现，是在三国两晋时期。三国时，吴王孙皓以茶代酒；东晋时，人们把茶叶贡献给皇帝，东晋吏部尚书敬茶待客，某些有识之士饮茶已经成了习惯。随着文人饮茶之兴起，有关茶的诗词歌赋日渐问世，茶已经脱离作为一般形态的饮品，走入文化圈。

如果说汉代的茶文化，只能称之为一种流传于长江中游的区域性的简单饮品文化，那么三国两晋时期，随着茶文化与社会生活和其他文化的进一步相会、相融，也随着文献记载的增多，初步显示和构建出了我国古代茶文化系统。

西晋时长江中游茶业的发展，可从西晋时期《荆州土记》得到佐证。其载曰“武陵七县通出茶，最好”，说明荆汉地区茶业的发展，巴蜀独冠全国的地位开始动摇。西晋南渡之后，北方豪门过江侨居，建康（今南京）成为我国南方的政治中心。这一时期，由于上层社会崇茶之风盛行，使得南方尤其是江东饮茶和茶文化有了较大的发展，也进一步促进了我国茶业向东南推进。

《世说新语》中记载任育长在石头城（今南京）看到的“坐席竟下饮”；杜育在《荈赋》中写道“器择陶简，出自东隅，酌之以匏，取式公刘”。从这些记载我们可以看到，当时已经形成了“以茶待客”的礼俗，而且人们开始讲究烹茶用水择器。这时，我国茶文化的脉络已浮现出来。

南北朝：飞入寻常百姓家

和东晋一样，南北朝时南朝建都建康，因而，南方的茶业得到了较大的发展。

三国两晋时，重要的茶叶产地还主要是在巴蜀和荆楚。但是，到南朝时，江淮地区的茶叶生产及茶叶质量，已经达到了很高的水平。《宋录》中提到豫章王子尚去八公山拜访昙济道人，道人为子尚设茶茗，子尚尝了一口说：“此甘露也，何言茶茗！”

这时候的茶，已经和米、酒一类并列，成为人们寻常的饮食之一。俗话说“开门七件事，柴米油盐酱醋茶”，正是由此而来。

南北朝时期，尽管北方长期处于不尚茗饮的游牧民族统治之下，但饮茶的传统却一直未断。当时的少数民族统治者虽然不崇尚饮茶，但并没有禁止南北

茶叶贸易，反而在宫廷中专门备有茶叶，用来随时招待南方的降臣和嗜茶的来客。后来，渐渐形成我国历史上独有的“赐茶之风”，宫廷不时向臣下和“番使”赐茶，这一礼仪正起源于此。

饮茶流行于世之后，即使是南北朝时南北分隔、战乱频繁，茶仍以其不可中辍的魅力，绵延于中华社会，融于寻常百姓的日常生活。

唐朝：举国之饮

唐代茶成为举国之饮，几乎达到了茶在历史上的鼎盛时期。

开元年间，茶盛行于北方。朝廷在浙江设立了第一个贡茶院——顾渚贡茶院。平民百姓把茶看成盐米，文人墨客把茶看成雅事。到了中唐时期，下至百姓、上自皇室，饮茶的习俗流行并普及开来。

可以说唐朝在我国茶文化发展史上，是一个具有里程碑式意义的重要时代。在唐朝，荼去一画，始有茶字；陆羽作经，才出现茶学；茶始收税，才建立茶政；茶始销边，才开始有边茶的生产和贸易。直到唐朝，茶在我国社会、经济、文化中，才真正成为一种显著的文化。

可为什么在唐初期和盛期，饮茶的风气没有发展起来，至安史之乱国库空竭之后，反倒热热闹闹发展起来了？这主要得益于唐中后期禅宗的兴起。禅宗主张茶禅一味，佛即茶、茶即佛，饮茶因禅学的兴起而普及。

“欲问禅，想想茶”。禅宗的信徒崇尚茶禅一味，人在茶中与佛相通，佛在心中与茶共融。一片茶叶打开一卷经，铺开一卷画，在茶香的境界中人与自然合二为一。

宋朝：茶为人面相映红

茶叶的地位在宋朝最高。中国历代品茶讲究茶艺、茶道，宋朝尤为盛行。宋朝人纷纷比茶叶品质的优劣，比泡茶水平的高低，以此为荣辱。宋朝人把饮茶当作一种高雅的艺术，一种风气。不管是在宫廷还是在民间，“斗茶”之风盛行。

开始的时候斗茶尚属于民间的赛事，却被宋徽宗引入宫中。宋徽宗著有《大观论》，他是历史上第一个亲自写茶书的皇帝。他在《大观论·序》里写道：“天下之士，励志清白，为闲暇修索之玩，莫不碎玉锵金，啜英咀华，较筐箧之精，争鉴裁之别。”在大规模的斗茶比赛中，最终胜出的茶，就成为贡茶了。这样一来，斗茶之风日益盛行，产茶和制茶的工艺也得到了提高。

宋代文人中有很多品茗行家，如欧阳修、苏轼、黄庭坚、司马光等。这些文人雅士对茶的茶品、火候、煮法及饮效等津津乐道，也有诗句赞茶，甚或著文立论。

在宋朝，茶的饮用从调饮开始向清饮发展。唐朝以前主要为调饮，唐朝的煎茶不加盐，而到了宋朝就以清饮为主。宋人点茶，十分讲究，也成为泡饮的前身。

明清：制茶工艺的革新

· 泡茶法开始盛行

明清时期，饮茶之风越发盛行。明代把饮茶这一高雅享受更加发扬光大。

明代，茶叶采制逐渐由团茶变成散茶，对唐宋饮茶的准则也做了增补或删除。由原来的煮茶改为泡茶，程序也因而缩减，同时也发明了“炒青法”（在未发明炒青法之前，茶叶是采用“自然发酵”的方法，在炒青法发明后才开始有了绿茶及红茶的制造）。

“炒青法”的流行，使饮茶的方式日趋简化，当代的制茶方法与泡茶法即是沿袭明代的方式，至今已有600多年的历史。

明代，茶肆经营已很普遍，品茶活动由户内转向户外，时常举行“点茶”“斗茶”之会，互相比较技术高低，一时蔚为奇观。茶饮之风颇有日渐风行之势。

· 茶馆文化

到了清代，茶已是人们日常不可或缺的饮品了。茶与人们的日常生活紧密结合起来。例如清末，城市茶馆兴起并发展成为适合社会各阶层所需的活动场所，它把茶与曲艺、诗会、戏剧和灯谜等民间文化活动融合起来，形成了一种特殊的“茶馆文化”。

由于茶叶制作技术的发展，清代基本形成现今的六大茶类，除最初的绿茶之外，出现了白茶、黄茶、红茶、黑茶、乌龙茶。茶类的增多，泡茶技艺有别，又加上中国地域和民族的差异，使茶文化的表现形式更加丰富多彩。

与此同时，茶叶开始向荷兰、法国、英国等国家出口，受到当时欧洲国家皇室的青睐，中国茶叶正式进入欧洲市场。

· 现代茶文化的发展

从神农尝百草发现茶到现在，已有数千年光阴。茶经历了由野生到种植，由药用到饮用，由帝王权贵视作珍品宫廷饮用，到僧侣、道士清修的心仪之物，到文人墨客作为时尚饮品，最后普及到民间受到大众的喜爱。从过去的小炉烹茶，到点茶，再到如今主流的泡茶法，我们对喝茶的多种感官享受，执着如初。

随着社会的发展与进步，茶不但促进了经济的发展，成为一大文化产业，更成了人们生活的必需品，并逐渐形成了灿烂夺目的茶文化，成为社会精神文明的一颗明珠。

如今，茶业的发展越来越兴盛。国际茶文化研讨会受到越来越多人的关注。我国各省市及产茶县都争先主办“茶叶节”，以茶为载体，促进文化和经济贸易的发展，如福建武夷的岩茶节，云南的普洱茶节，浙江新昌、湖北英山、河南信阳的茶叶节等，不胜枚举。

茶道千言化零落

茶为灵魂之饮，以茶载道，以茶行道，以茶修道，因而茶中无道就算不得茶道。

何为茶道

“茶道的意思，用平凡的话来说，可以称作为忙里偷闲、苦中作乐，在不完全现实中享受一点美与和谐，在刹那间体会永久。”周作人先生对茶道的定义虽然比较随意，却是对中国茶道较通俗易懂的解释。中国茶道收放自如，无论贫富贵贱，男女老幼，只要你欣喜于一杯茶，在氤氲的香气中敞开胸怀，便总能体悟到生命的妙处。

中国茶道的核心灵魂——和

和，是中国茶道的核心灵魂。中国茶道追求的“和”源于《周易》中的“保合大和”，寓为世界万物皆由阴阳组成，只有阴阳协调，才能保全普利万物。

和是度，和是宜，和是当，和是一切恰到好处，无过亦无不及。在茶道中，“和”一直贯穿其中。制茶过程中，焙火温度就不能过高，也不能过低；泡茶时，投茶量要适中，不能多也不能少，多则茶苦，少则茶淡；分茶时，要用公道杯给每位客人均匀地分茶；品茶时，讲究闭目细品，心神合一。

中国茶道修习的不二法门——静

中国茶道是修身养性，追寻自我之道。如何从小小的茶壶中去体悟宇宙的奥秘？如何从淡淡的茶汤中去品味人生？如何在茶事活动中明心见性？答案只有一个——静。

老子说:“至虚极,守静笃,万物并作,吾以观其复。”庄子说:“圣人之心,静,天地之鉴也,万物之镜。”老子和庄子所启示的“虚静观复法”是人们修身养性、感悟人生的无上妙法,中国茶道正是通过茶事创造一种宁静的氛围和空灵虚静的心境。

乌龙茶茶艺表演中那道“焚香静凡心”就是给品茶者营造一个无比温馨祥和的氛围,让品茶者的心灵在静中显得空明,精神得以升华,达到“天人合一”的“虚静”境界。

中国茶道修习的心灵感受——怡

中国茶道是雅俗共赏之道,它体现于平常的日常生活之中,它不讲形式,不拘一格。不同地位、不同信仰、不同文化层次的人对茶道有不同的追求。

古代的王公贵族讲茶道,他们重在“茶之珍”,意在炫耀权势,夸示富贵,附庸风雅。文人墨客讲茶道,重在“茶之韵”,托物寄怀,激扬文思,交朋结友。佛家讲茶道,重在“茶之德”,意在去困提神,参禅悟道,见性成佛。寻常百姓讲茶道,重在“茶之味”,意在去乏提神、享受人生。无论什么人都可以在茶事活动中取得生理上的快感和精神上的畅适。

怡然自得,这就是中国茶道中的“怡”。

中国茶道的终极追求——真

“真”是中国茶道的起点,也是中国茶道的终极追求。中国茶道所讲究的“真”,不仅包括茶应是真茶、真香、真味;用的器具最好是真竹、真木、真陶、真瓷;环境也最好是真山、真水;还包含了对人要真心,敬客要真情,说话要真诚,心境要真闲。茶事活动的每一个环节都要认真,每一个环节都要求真。

在茶事活动中,人们以淡泊的襟怀、旷达的心胸、超逸的性情和闲适的心态来品味茶的物外高意,将自己的感情和生命都融入大自然之中,使自己的心能契合大道,达到修身养性、陶冶情操、洁净心性、品味人生的目的。此乃追求道之真也。

人在草木间

茶字的字形是“草木之中有一人”，即人在自然之中。在中国人的观念里，天人合一就是自然之道。茶来自草木，因人而获得独特价值。“人非有品不能闲”，只有有品之人，才能放下身心，融入自然。

茶字的演变

博大精深的茶文化，让人回味无穷，即使是一个茶字，品茗之余也能延伸出许多值得玩味的典故。

茶字的由来

在古代史料中，茶的名称很多。在公元前2世纪，西汉司马相如的《凡将篇》中提到的“荈诧”就是茶；西汉末年，在扬雄的《方言》中，称茶为“蔎”；在《神农本草经》中，称之为“荼草”或“选”；南朝宋山谦之的《吴兴记》中称为“荈”；东晋裴渊的《广州记》中称之为“皋芦”；此外，还有“诧”“奼”“茗”“荼”等称谓，均认为是茶之异名同义字。唐代陆羽在《茶经》中，提到“其名，一曰茶，二曰槚，三曰蔎，四曰茗，五曰荈”。总之，在陆羽撰写的《茶经》中，对茶的提法不下10余种，其中用得最多、最普遍的是“荼”。

由于茶事的发展，指茶的“荼”字使用越来越多，有了区别的必要，于是从一字多义的“荼”字中，衍生出“茶”字。陆羽在写《茶经》时，将“荼”字减少一画，改写为“茶”。从此，在古今茶学书中，茶字的形、音、义也就固定下来了。

品山品水品天下

儒家说，仁者乐山，智者乐水。道家说，人法地，地法天，天法道，道法自然。佛家说：青青翠竹，尽是法身；郁郁黄花，无非般若。所以，一杯茶里，有山有水有自然，品山品水品天下。

品茶有三乐

品茶有三乐。

一曰：独品得神。一个人面对青山绿水或高雅的茶室，通过品茗，心驰宏宇，神交自然，物我两忘，此一乐也。

二曰：对品得趣。两个知心朋友相对品茗，或无须多言即心有灵犀一点通，或推心置腹述衷肠，此亦一乐也。

三曰：众品得慧。孔子曰："三人行，必有我师焉"，众人相聚品茶，相互启迪，可以学到许多知识，不可不说为一大乐事。

品茶之四妙

清代诗人杜浚在《茶喜》中说，茶之四妙：曰湛（清澈），曰幽（幽雅），曰灵（灵气），曰远（远致）。

周作人先生在《恬适人生·吃茶》中说："茶道的意思，用平凡的话来说，可以称作'忙里偷闲，苦中作乐'，享受一点美与和谐，在刹那间体会永久……"

当代茶界泰斗吴觉农先生把茶视为珍贵、高尚的饮料，认为饮茶是一种精神上的享受，是一种艺术，或是一种修身养性的手段。

心情好时，喝一口茶便清香四溢，如品春风得意之人生；心情不好时，茶虽有苦涩之味相约，回味却有甘甜暗中摸索，丰富而又有深邃哲理的甘苦人生会让你品出一片新天地；心情不好不坏时，入口之茶便有淡泊之味，人生变得安适闲散起来。"宁静致远，淡泊明志"，此乃人生一大境界。

一盏茗香遍天下

中华茶文化在不断丰富发展的过程中，也不断地向其他国家传播，不断地影响着这些国家的茶文化。到现在，中国茶和中国茶文化已经延伸到世界的各个角落。

茶入朝鲜半岛

在 4~7 世纪中叶，也就是唐文宗太和后期，新罗的使节大廉将茶种带回国内，种于智异山下的华岩寺周围，朝鲜的种茶历史由此开始。到宋代时，新罗人也学习宋代的烹茶技艺。新罗在参考吸取中国茶文化的同时，还建立了自己的一套茶礼。

茶入日本

中国的茶与茶文化，影响最为深远的是日本，尤其是对日本茶道的发生发展，有着十分紧密的渊源关系。传播中国茶文化的一个重要人物是日僧最澄。他从浙江天台山带回茶种，植于日吉神社旁。经过几个世纪的发展与交流，日本的茶道已经成为其标志性的民族文化。

Tips：“茶”在不同国家的读音

日本 cha	俄罗斯 chai	荷兰 thee	意大利 te
伊朗 cha	希腊 te-ai	英国 tea	西班牙 te
马来西亚 the	葡萄牙 cha	德国 tee	
土耳其 chay	斯里兰卡 they	法国 the	

世界范围的传播

公元 14~17 世纪，中国茶在中亚、印度西北部和阿拉伯地区开始传播。通过阿拉伯人，茶首次传到西欧。此时，欧洲传教士开始来到中国传教，在为中西文化交流搭起桥梁时，也将中国的茶介绍到欧洲。意大利传教士利玛窦就是突出的例子，《利玛窦中国札记》对中国的饮茶习俗的记载详细而具体。葡萄牙传教士克鲁兹于 1556 年在广州居住数月，观察到了中国人的饮茶情况，记入《广州述记》中。

公元 1517 年，葡萄牙海员从中国带去茶叶，饮茶开始在欧洲传播。公元 1607 年，荷兰人从海上来澳门将中国茶叶贩运到印度尼西亚。公元 1610 年，荷兰直接从中国贩运茶叶，转销欧洲。1613 年，英国首次直接从中国贩运茶叶。1618 年，明使携带茶叶两箱历经 18 个月到达俄京以赠俄皇。

17 世纪，茶叶先后传到荷兰、英国、法国，以后又相继传到德国、瑞典、丹麦、西班牙等国。18 世纪，饮茶之风已经风靡整个欧洲。欧洲殖民者又将饮茶习俗传入美洲的美国、加拿大以及大洋洲的澳大利亚等英、法殖民地。到 19 世纪，中国茶叶的传播几乎遍及全球。

经过漫长的历史跋涉，现在茶已经在全世界很多国家扎下了根，茶也成为风靡世界的三大无酒精饮品之一。

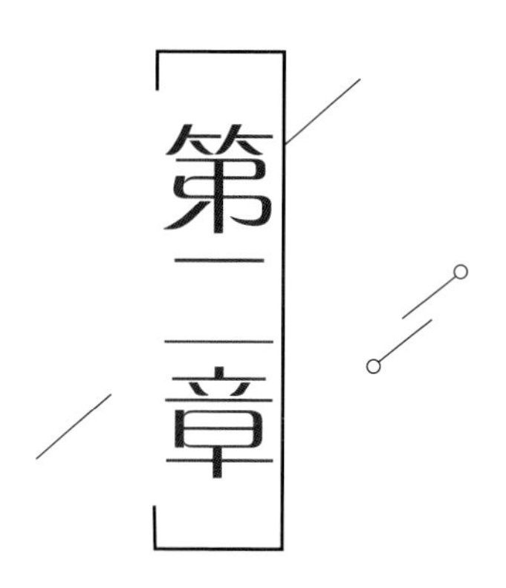

识茶鉴茶

人有人品，茶有茶品。从用茶的角度去品味人生，是种雅致；从做人的角度去体悟茶的禅意，是种旷达。你是否也在品着佳茗的同时，心间茶气上溢，舌尖茶香顿涌，闭目凝神中，茶已在心间。

绿茶

绿茶是我们祖先最早发现和使用的茶，又称不发酵茶，绿茶以茶树新梢为原料，经杀青、揉捻、干燥等一系列工序制作而成。

因为绿茶没有经过任何发酵程序，所以保存了很好的新鲜茶叶的天然物质，其中茶多酚、咖啡因保留鲜叶的85%以上，叶绿素保留50%左右，维生素损失也较少，从而形成了绿茶“清汤绿叶，滋味收敛性强”的特点。绿茶的香味悠长，非常适合浅啜细品。

绿茶按照其制作工艺的不同，可分为炒青绿茶、烘青绿茶、晒青绿茶和蒸青绿茶。顾名思义，炒青绿茶是用机器或手工炒制而成，俗称“炒茶”。在过去漫长的时间里，炒茶是纯手工、人性化的制茶过程，需要师傅十几年甚至数十年的积淀，才能赋予青嫩茶叶另一种生命。

最早的茶叶使用是从咀嚼鲜叶开始的，后来慢慢发展到生煮羹饮。绿茶在我国产量最大，几乎各省均产绿茶。

绿茶制作工序

杀青

通过高温破坏和钝化鲜叶中的氧化酶活性，抑制鲜叶中的茶多酚的氧化，蒸发鲜叶中的部分水分，使茶叶变软，便于揉捻成形，同时散发青涩味，促进良好香气的形成。杀青是绿茶形状和品质形成的关键工序。

揉捻

破坏鲜叶组织，让茶汁渗出，同时简单造型。

干燥

有炒干、烘干、晒干等方法，目的是挥发掉茶叶中多余的水分，提升茶香、固定茶形。

绿茶名品最多

绿茶是中国产量最大的茶类，大地上生生不息、翠绿成荫的茶树，赋予了绿茶最强劲的生命力。同时，绿茶也是生产花茶最主要的原料之一。西湖龙井、黄山毛峰、洞庭碧螺春、庐山云雾、信阳毛尖、太平猴魁、六安瓜片、蒙顶甘露等，都属于绿茶类。在版本众多的“中国十大名茶”中，绿茶比例占 40% 左右。

绿茶的功效

绿茶具有提神益思、生津止渴、除烟醒酒、灭菌消炎、健齿明目、清热解毒，去腻消食等多种功效。绿茶中的芳香族化合物还能溶解脂肪，防止脂肪积滞体内；咖啡因还能促进胃液分泌，有助消化与消脂，论道清心品味之外，它还是不可多得的健康瘦身美容佳品。

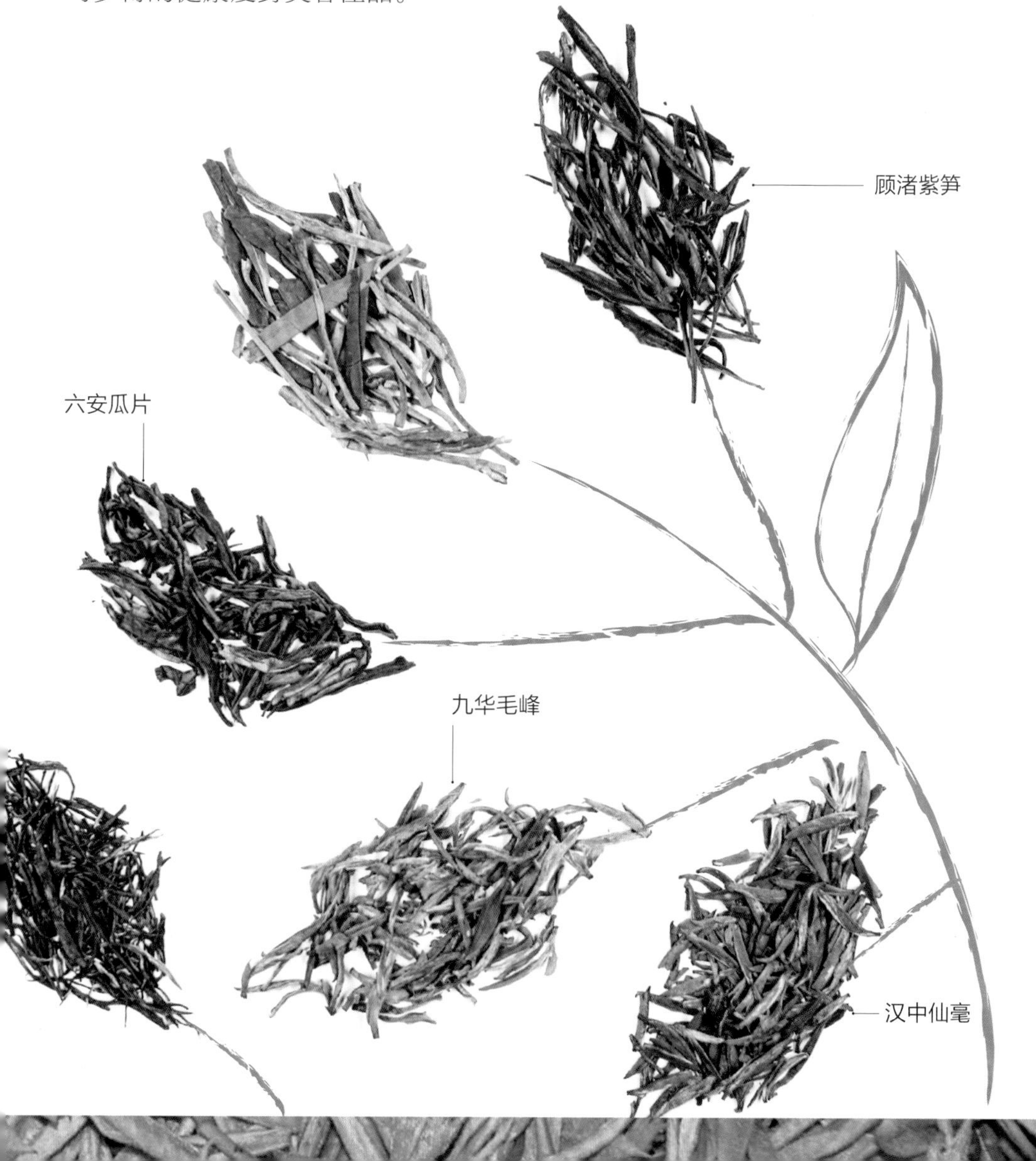

西湖龙井

西湖龙井的大名，即使不爱茶、不识茶者，也都早已如雷贯耳。虽然“中国十大名茶”自诞生之日起已有了无数个版本，但龙井茶，始终是当仁不让的“状元”。

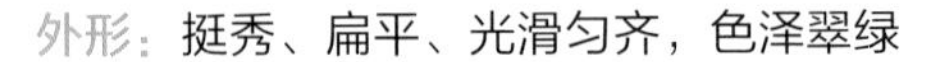

外形：挺秀、扁平、光滑匀齐，色泽翠绿
滋味：茶汤清香明显，香馥若兰，持久清高
汤色：碧绿明亮
叶底：均匀，一枪一旗，交错相映，栩栩如生

明前雨后

龙井茶外形扁平光滑，享有色绿、香郁、味醇、形美“四绝”之盛誉。优质龙井茶，通常以清明前采制的为最好，称为明前茶；谷雨前采制的稍逊，称为雨前茶，而谷雨之后的就非上品了。

采茶选时

茶谚说：“前三日早，正三日宝，后三日草。”西湖龙井茶，分春茶、夏茶和秋茶。采茶讲究季节，一般春茶在抽出一芽四叶或一芽五叶时采制，夏茶待抽出一芽三叶或一芽四叶时采制，秋茶在抽出一芽二叶或一芽三叶时采收。采得早，芽头小，影响收成，采得过迟，叶质老，又会影响质量。

龙井茶只采一个嫩芽的称“莲心”；采一芽一叶，叶似旗，芽似枪，称“旗枪”；采一芽二叶初展，叶形卷如雀舌，称“雀舌”。鲜叶的嫩匀度，便是龙井茶品质的基础。

碧螺春

“入山无处不飞翠，碧螺春香百里醉。”洞庭碧螺春属细嫩炒青绿茶，产于江苏吴县（今苏州吴中区）太湖洞庭山，是我国历史文化名茶之一。这里产的茶叶，因香气高而持久，俗称“吓煞人香”。

外形：条索纤细匀整，形曲如螺，满披茸毛，白毫显露，色泽碧绿

滋味：味鲜生津，有花果香，味鲜甜、娇嫩、幽香

汤色：碧绿清澈

叶底：细、匀、嫩，芽大叶小，嫩绿柔匀

茶果间作

与别的茶不同，洞庭碧螺春采用茶果间作的种植方式。茶树和桃、李、杏、梅、柿、橘、白果、石榴等果木交错种植。茶树果树枝丫相连，根脉相通，茶吸果香，花窨茶味，陶冶着碧螺春花香果味的天然品质。

一嫩三鲜

碧螺春的采制非常严格，每年春分前后开采，以春分至清明这段时间采摘的品质最好。通常采摘一芽一叶初展，形如雀舌。采回的芽叶须进行精细的拣剔，并做到当天采摘当天炒制。碧螺春冲泡之时，恰似白云翻浪，香气浓郁，滋味鲜醇，汤色清绿，有“一嫩（芽叶）三鲜（色、香、味）”的赞誉。

当碧螺春投入杯中，茶即沉底，瞬时间“白云翻滚，雪花飞舞”，清香袭人。

黄山毛峰

南方名山，多有名茶，安徽之山尤甚，比如黄山，身为中国十大名茶之一的黄山毛峰就产于此地。黄山的景美，黄山的茶更美。

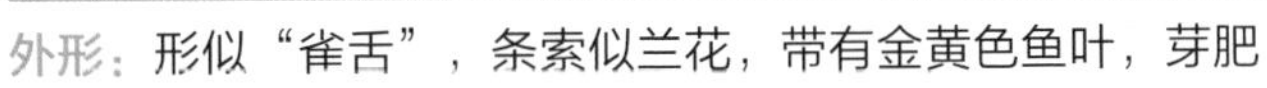

外形：形似“雀舌”，条索似兰花，带有金黄色鱼叶，芽肥壮、匀齐、多毫

滋味：鲜浓、醇厚，回味甘甜

汤色：清澈明亮

叶底：嫩黄肥壮，匀亮成朵

好山好茶

黄山毛峰茶产于黄山风景区和毗邻的汤口、充川、岗村、芳村、扬村、长潭一带，以黄山风景区内海拔700~800米桃花峰、紫云峰、云谷寺、松谷庵、慈光阁等地的品质最好。这里山高谷深，峰峦叠翠，溪涧遍布，森林茂密。气候温和，雨量充沛，土层深厚，质地疏松，透水性好，很适宜茶树生长。优越的生态环境，为黄山毛峰优秀品质的形成创造了良好的条件。

分级采制

黄山毛峰采摘细嫩，特级黄山毛峰的采摘标准为一芽一叶初展，1~3级黄山毛峰的采摘标准分别为一芽一叶、一芽二叶初展；一芽一、二叶；一芽二、三叶初展。特级黄山毛峰开采于清明前后，1~3级黄山毛峰在谷雨前后采制。

用黄山温泉水泡毛峰茶，其味甘芳可口，能更好地展示黄山毛峰茶的清香冷韵，使之更为袭人。

太平猴魁

中国饮茶理念以静为美，但太平猴魁却是“猴韵”十足，有着“刀枪云集，龙飞凤舞”的特色，即使在中国众多茶叶品种中，也算是颇为出众的另类。

外形：每朵茶都是两叶抱一芽，平扁挺直，不散、不翘、不曲
滋味：香高气爽，带有明显的兰花香
汤色：杏绿清亮
叶底：嫩绿匀亮，肥厚柔软

不散不翘不卷边

太平猴魁有“猴魁两头尖，不散不翘不卷边”之称。上好的太平猴魁魁伟匀整，手掂沉重，丢盘有声；色泽苍绿，白毫多而不显，叶底匀净发亮；入杯冲泡，开展徐缓，芽叶成朵，或悬或沉，叶影水光，相映成趣；冲泡三四次，滋味不减，兰香犹存。

采摘四拣

太平猴魁的采摘在谷雨至立夏，茶叶长出一芽三叶或四叶时开园，立夏前停采。分批采摘开面为一芽三、四叶，并严格做到“四拣”：一拣坐北朝南、阴山云雾笼罩的茶山上茶叶；二拣生长旺盛的茶棵采摘；三拣粗壮、挺直的嫩枝采摘；四拣肥大多毫的茶叶。将所采的一芽三、四叶，从第二叶茎部折断，一芽二叶（第二叶开面）俗称“尖头”，为制猴魁的上好原料。

太平猴魁茶包括猴魁、魁尖、尖茶三个品类，以猴魁品质最好。

六安瓜片

六安瓜片历史悠久。《红楼梦》中亦有提及，在第41回，妙玉烹茶给宝玉、黛玉、宝钗三人，因林黛玉分不出烹茶的水是雨水还是雪水遭到了妙玉的嘲笑，此中妙玉烹的茶便是六安瓜片了。

外形：干茶单片不带梗芽，色泽宝绿，起润有霜
滋味：醇正回甜，香气清高，味鲜甘美
汤色：碧绿、清澈透亮
叶底：绿嫩明亮

集山水之灵气

六安瓜片生长在长江以北，靠长江边大别山北麓淠河上游的天然腹地，以齐头山所产“齐山名片”为六安瓜片之极品。齐头山是大别山的余脉，与江淮丘陵相连。全山为花岗岩构成，林木葱翠，烟雾笼罩，为六安瓜片好的品质提供了天然条件。

工艺独特

六安瓜片的采摘与众不同。茶农取自茶枝嫩梢壮叶，因而叶片肉质醇厚，是我国绿茶中唯一去梗去芽的片茶。六安瓜片制作工艺也很独特，其独特处是无法用机械，使用的工具是生锅、熟锅和竹丝帚或芒花帚。炒制时，每次投鲜叶100克左右，翻炒1~2分钟，叶片变软，待色泽变暗时，转至熟锅，边炒边拍，使叶子逐渐成为片状。

与一般的绿茶不同，冲泡六安瓜片适合用开水，建议水温控制在90℃左右为宜，沏茶时雾气蒸腾，清香四溢。

庐山云雾

庐山种茶，历史悠久。远在汉朝，这里已有茶树种植，到了明代，庐山云雾茶名称已出现在明《庐山志》中。由此可见，庐山云雾茶至少已有300年历史了。

外形：芽壮叶肥，条索秀丽，白毫显露，色泽翠绿
滋味：滋味醇厚，清香爽神，沁人心脾
汤色：清澈明亮
叶底：嫩绿明亮，宛若碧玉盛于碗中

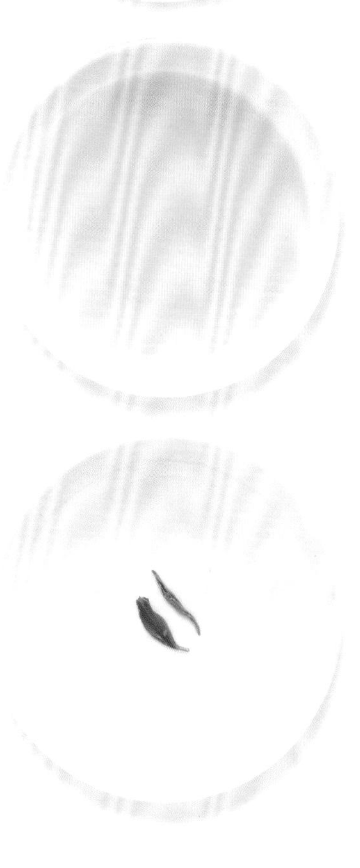

云山雾里

庐山的云雾，千姿百态，变幻无穷，整个庐山都沉浸在那朦胧缥缈的云雾中，“千山烟霭中，万象鸿蒙里”，一如太虚幻境。这种云雾景观，不但给庐山蒙上了一层神秘的面纱，更为茶树生长提供了好的条件。云雾的滋润，促使芽叶中芳香油的积聚，也使叶芽保持鲜嫩，便能制出色香味俱佳的好茶。

七道工序

由于气候条件，庐山云雾茶比其他茶采摘时间较晚，一般在谷雨之后至立夏之间始开园采摘。采摘标准为一芽一叶初展，长度不超过5厘米，剔除紫芽、病虫害叶，采后摊于阴凉通风处，放置4~5小时后开始进行炒制。庐山云雾茶的制法分为杀青、抖散、揉捻、初干、握条、做毫、再干七个过程。高级的云雾茶条索秀丽，嫩绿多毫，香高味浓，经久耐泡。

“幸饮庐山云雾茶，更识庐山真面目”，这诗一般的赞语，更衬托了庐山云雾的清澈高雅。

婺源茗眉

小桥流水边的徽派古建筑、满目浓郁的青翠、绿树掩映中的炊烟人家，使婺源获得了“中国最美的农村”的美誉。而在婺源，比“中国最美的农村”的名声更响的，是婺源茗眉。

外形：细紧纤秀，弯曲似眉，翠绿紧结，银毫披露
滋味：香郁鲜醇，浓而不苦，回味甘甜
汤色：清澈明亮
叶底：芽壮肥厚

历史悠久

婺源茶有着古老而辉煌的历史,《茶经》中就有着“歙州茶生婺源山谷”的记载。婺源茶“宋称绝品”“明清入贡”；1915 年,“协和昌”珠兰精茶，荣获国际“巴拿马万国博览会”金奖。美国人威廉·乌克斯在所著《茶叶全书》中，称赞婺源茗眉为“中国绿茶中品质之最优者”。1958 年，婺源茶叶科研人员结合原有茶叶技术，新创“婺源茗眉”，被列入全国名茶。

一芽一叶

婺源茗眉的鲜叶要求严格。采摘标准为一芽一叶初展，采白毫显露、芽叶肥壮、大小一致、嫩度一致、无病虫害的芽叶，忌采紫色芽叶，要求在晴天雾散后采，保持叶表无露水；要细心提采，不用指甲掐采，以免红蒂。

婺源茗眉茶汤入口清凉，有丝丝的甜味，口中能明显感觉到茶汤的柔度，有“两腋清风起，飘然欲成仙”之感。

信阳毛尖

信阳毛尖主要产自河南信阳西南区，俗称“五云两潭一寨”，即车云山、连云山、集云山、天云山、云雾山、白龙潭、黑龙潭、何家寨。

外形：细、圆、紧、直，色泽翠绿，白毫显露
滋味：香气浓爽而鲜活，滋味醇厚、爽口、回甘生津
汤色：嫩绿明亮
叶底：细嫩匀整

车云山上茶

“五云两潭一寨”海拔在500~800米，属高纬度茶区，这里高山峻岭，峰峦叠翠，溪流纵横，云雾弥漫，所产毛尖茶质量最优。信阳茶区四季分明，茶园比南方开采晚、封园早。当地人每年都及时对茶园进行封根培土。加之深山区阳光迟来早去，所以这里茶叶内含物丰富，特别是氨基酸、儿茶素、咖啡因等含量，均优于很多茶叶。

春秋为上

信阳毛尖一年采摘三季，在春、夏、秋三季进行。春茶在谷雨前采摘的最好。春茶碧绿，先苦后甜。夏茶味涩，颜色发黑。白露后采的茶为秋茶。秋茶风味别具一格，产量又低，特别珍贵，故而有“秋茶好喝舍不得摘”的说法。信阳毛尖春茶和秋茶是茶中上品。

信阳毛尖入水后，茶芽在杯中亭亭玉立，时而上浮，时而下沉，芽叶交相辉映。

蒙顶甘露

“若教陆羽持公论，应是人间第一茶。”蒙顶甘露是中国最古老的名茶，被尊为茶中故旧，名茶先驱。“甘露”之意，一是西汉年号；二是在梵语中是念祖之意；三则是茶汤滋味鲜醇如甘露。

外形：紧卷多毫，嫩绿润泽

滋味：鲜爽，醇厚回甜；香气浓郁，芬芳鲜嫩

汤色：汤碧而黄，清澈明亮

叶底：嫩绿，秀丽匀整

嫩绿鲜醇

蒙顶甘露最大的特色是：嫩、鲜、醇。“嫩”指的是蒙顶甘露带着一股春天气息的小草味道；“鲜”是蒙顶甘露自古就以“鲜”名天下，蒙顶山群体种的氨基酸含量高达 4.85%，在国内各大名优绿茶中含量算是很高的；“醇”是指相比其他绿茶而言，蒙顶甘露口感更加醇和、略微带甜。

春分采摘

蒙顶甘露茶是在总结宋朝创制的“玉叶长春”和“万春银叶”两种茶炒制经验的基础上研制成功的。春分时节，茶园有 5% 茶芽萌发时即开园采摘。其采摘细嫩，标准为单芽或一芽一叶初展。

沸水一沏，蒙顶甘露如雪花般在水中轻舞飞扬，只见汤色渐渐变为绿色，整个茶杯好像都盛满了春天的气息。

径山茶

径山所产的茶，可与西湖龙井齐名。古时径山有“茶宴”“斗茶”等仪式，后被日本高僧传至日本，发展成为“茶道”。可以说，径山茶是当今日本许多茶叶的祖先，更是日本茶道文化的起源。

外形：细嫩显毫，色泽翠绿

滋味：甘醇爽口，有独特的板栗香且香气清香持久

汤色：嫩绿明亮

叶底：细嫩成朵

茶香千年

径山是天目山的东北峰，在宋代时被誉为江南五山十刹之首，有“江南第一山”之美誉。径山优美的生态环境决定了径山茶的优秀品质。径山茶与山齐名，据记载在距今1250多年的唐代便开始植栽茶树，比西湖龙井要早好几个朝代。相传《茶经》便是茶圣陆羽在此山写成的。

径山茶宴

让径山茶闻名于世的其实是径山茶宴和它对日本茶道的影响。径山茶宴对每个举止动作都有具体要求，特别是僧俗之间的礼节有严格详尽的规定，意境清高，程式规范，形成了一整套完善严密的礼仪程式，是中国茶会、茶礼发展历程中的最高形式。

径山茶在冲泡时可以先放水，后放茶，茶叶会像天女散花般沉落杯底，这是径山茶一个独特而神奇的特征。

顾渚紫笋

顾渚紫笋是上品贡茶中的“老前辈”，早在唐代便被茶圣陆羽论为“茶中第一”，因其鲜茶芽叶微紫，嫩叶背卷似笋壳，故而得名。

外形：成品色泽翠绿，银毫明显；极品紫笋茶叶相抱似笋；上等茶芽挺嫩叶梢长，形似兰花

滋味：茶味鲜醇，回味甘甜，香气馥郁，隐约有兰花香

汤色：杏绿清亮

叶底：嫩绿匀亮，肥厚柔软

首屈一指

顾渚紫笋的美名早在唐代就极负盛名。陆羽在《茶经》中写道：“阳崖阴林，紫者上，绿者次，笋者上，芽者次”，高度评价了紫笋茶的品质。到了唐太宗时期，顾渚紫笋被列为贡茶。“贡品茶”的历史一直延续到明代，长达600年之久，这在中国名茶中首屈一指。

片片紫笋茶，叶叶满庭香

顾渚山东临太湖，三面山峦连绵，云雾弥漫，气候温和。这种得天独厚的环境为紫笋茶创造了理想的生长条件。上好的紫笋茶一芽一叶，芽叶细嫩，色泽翠绿带有毫毛。冲泡时，选用当地优质的紫砂壶，茶汤色泽碧绿，味道隐约含有兰花之香。

好的顾渚紫笋泡开以后外形依旧保持紧结，完整而灵秀。

安吉白茶

听名字，很多人会觉得安吉白茶应该归属于白茶类，其实，安吉白茶属绿茶类，名字中的“白茶”与中国六大茶类中的“白茶”是两个概念。

外形：条索紧细，形似凤羽，叶张玉白，叶脉翠绿，叶片莹薄
滋味：鲜爽甘醇，回味甘甜，唇齿留香
汤色：鹅黄，清澈明亮
叶底：细暖嫩绿

如假包换的绿茶

安吉位于浙江省北部，这里山川隽秀、绿水长流，是中国著名的竹子之乡。也许正是竹乡独特的生态环境，孕育出了惊世骇俗的安吉白茶树和安吉白茶。白茶中的白毫银针指由绿色多毫的嫩叶制作而成的白茶；而安吉白茶是采用安吉县特有的珍稀茶树品种——安吉白茶茶树幼嫩的芽叶，按照绿茶的加工工艺制作而成的绿茶。

珍稀品种

安吉白茶是一种非常特异的茶种，它是特定的优良生态环境条件下产生的变异茶树，是大自然赐予人类的珍贵物种，是由一种特殊的白叶茶品种中由白色的嫩叶按绿茶的制法加工制作而成的名优绿茶。它既是茶树的珍稀品种，也是茶叶的名贵品名。

安吉白茶有一种异于其他绿茶之独特韵味，即含有一丝清冷如“淡竹积雪”的奇逸之香。茶叶品级越高，此香越清纯，这或许是茶乡安吉的“风土韵”。

乌龙茶

乌龙茶又称青茶，是我国七大茶类中，独具鲜明特色的茶叶品类，半发酵的乌龙茶兼具阴阳属性，能助消化、利尿，也被称为“美妙和健康的妙药”。

乌龙茶外表上看最大的特点就是“绿叶红镶边”，因为产地和品种不同，乌龙茶茶汤颜色从明亮的浅黄色、明黄色到非常漂亮的橙黄色、橙红色，干茶色越绿、发酵程度越轻，茶汤色越浅，反之干茶色越褐绿、褐红、乌润，茶汤色则越深。因为发酵度只有20% 左右，所以乌龙茶既保留了绿茶的清香甘鲜，适度的发酵又使其具有红茶的浓郁芬芳的优点，取两家之长，从而也博得了更多人的喜爱。

一般的茶叶只冲泡三次，而乌龙茶香味悠长，可以冲泡更多的次数，所以乌龙茶有“七泡有余香”的美誉，品质好的乌龙茶甚至可以冲泡十次。

乌龙茶制作工序

萎凋

分晾青（室内自然萎凋）和晒青（日光萎凋）两种。鲜叶经晾青后进行晒青，以午后 4 时阳光柔和时为宜，叶子宜薄摊。

做青

萎凋后的茶叶置于摇青机中摇动，叶片互相碰撞，擦伤叶缘细胞，从而促进氧化作用，使鲜叶发生一系列的生物化学变化，形成乌龙茶叶底独特的“绿叶红镶边”。做青是形成青茶特有品质特征的关键工序，是奠定青茶香气和滋味的基础。

炒青

破坏茶中的茶酵素，防止叶子继续变红，使茶中的青气味消退，茶香浮现。

揉捻

造型，将乌龙茶茶叶制成球形或条索形的外形结构。

干燥

去除多余水分和苦涩味，焙至茶梗手折断脆，气味清纯，使茶香高醇。

复杂的分类

乌龙茶的分类比较复杂，按照其做青方式不同，可分为“跳动做青”“摇动做青”“做手做青”三个种类；从茶叶名称上分，又可分为水仙、乌龙、铁观音、色种、包种等；商业上一般根据其在我国的产地不同分为闽北乌龙、闽南乌龙、广东乌龙等种类。

乌龙茶的功效

乌龙茶除了与一般茶叶一样具有提神益思、消除疲劳、生津利尿、解热防暑、杀菌消炎、解毒防病、消食去腻、减肥健美等保健功效外，还突出表现在预防癌症、降血脂等特殊功效。这是因为乌龙茶中含有大量的茶多酚有降低血压、抗氧化、防衰老及防癌等作用。

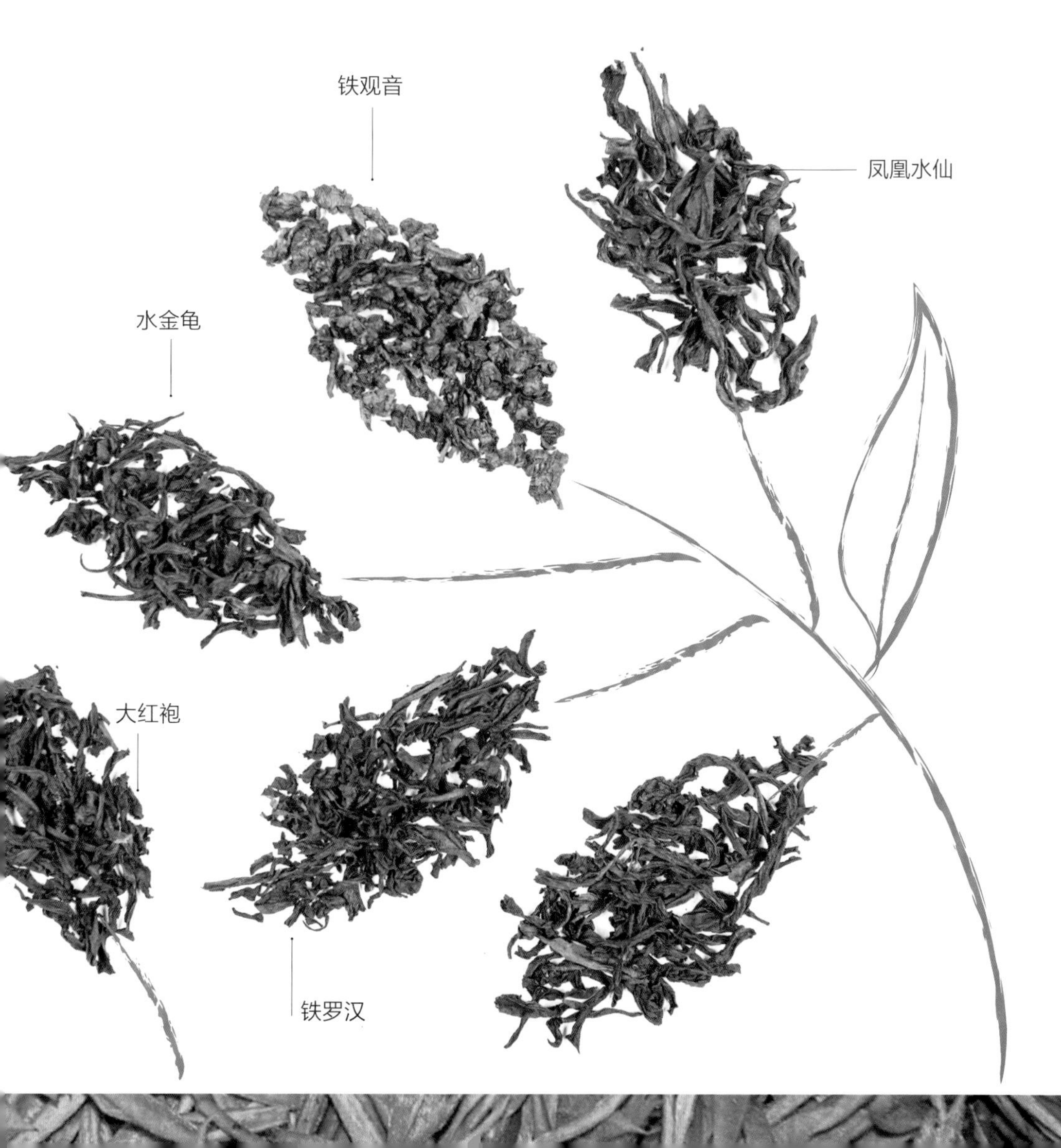

铁观音

铁观音之名，在乌龙茶中最为响亮，产于福建，却广为东西南北人所喜爱，真是“千处祈求千处应，苦海常作渡人舟”。当你往茶壶倒铁观音时，心里难道不是要默念茶名吗？

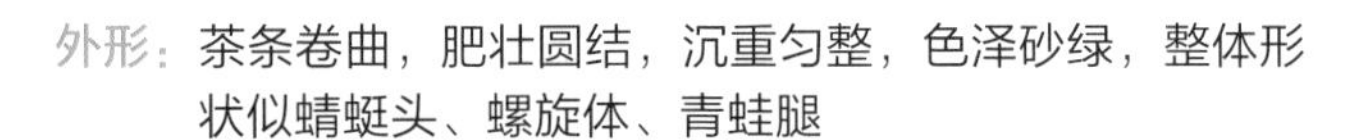

外形：茶条卷曲，肥壮圆结，沉重匀整，色泽砂绿，整体形状似蜻蜓头、螺旋体、青蛙腿

滋味：醇厚甘鲜，回甘悠久，俗称有“观音韵”

汤色：金黄明亮

叶底：软亮、肥厚红边

回味悠长

铁观音有“一经品尝，辄难释手”之说，可见颇耐寻味。品饮铁观音讲究用功夫茶具，七泡香气不减，兼有红茶之甘醇与绿茶之清香，因为铁观音茶山同时也有兰花生长，还伴有兰香。紫砂壶最发名茶真味，用来常泡铁观音，不仅宜神，还颇养壶。

摇青是关键

摇青是制作铁观音的重要工序，通过摇笼旋转，叶片之间产生碰撞，叶片边缘形成擦伤，激活了芽叶内部酶的分解，产生一种独特的香气。就这样转转停停、停停转转，直到茶香自然释放，香气浓郁时进行刹青、揉捻和包揉，茶叶蜷缩成颗粒后再进行文火焙干，最后还要经过筛分、拣剔，制成成茶。

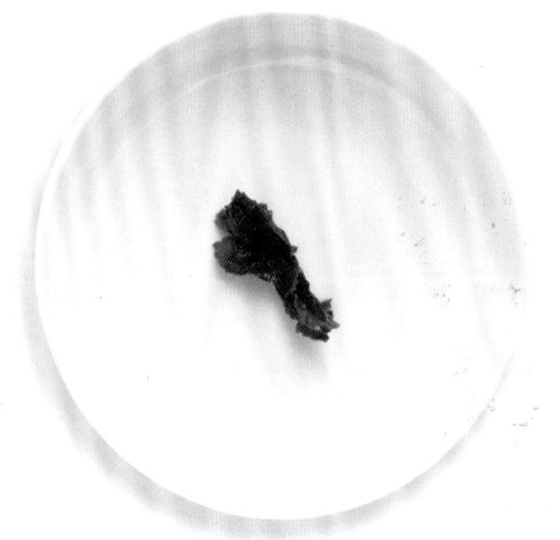

优质铁观音较一般茶叶紧结，叶身沉重，取少量茶叶放入茶壶，可闻“当当”之声，其声清脆为上，声哑者为次。

大红袍

武夷大红袍，是中国名茶中的奇葩，更是岩茶中的佼佼者，堪称国宝。在早春茶芽萌发时，从远处望去，整棵树艳红似火，仿佛披着红色的袍子，相传这也就是此茶得名大红袍的原因。

外形：条索紧结，深绿带紫，内质稍厚而发脆，显毫，典型的叶片有绿叶红镶边之美感

滋味：浓厚醇和，生津回甘，香味隽永，深沉持久

汤色：通透，橙黄明亮

叶底：叶片红绿相间

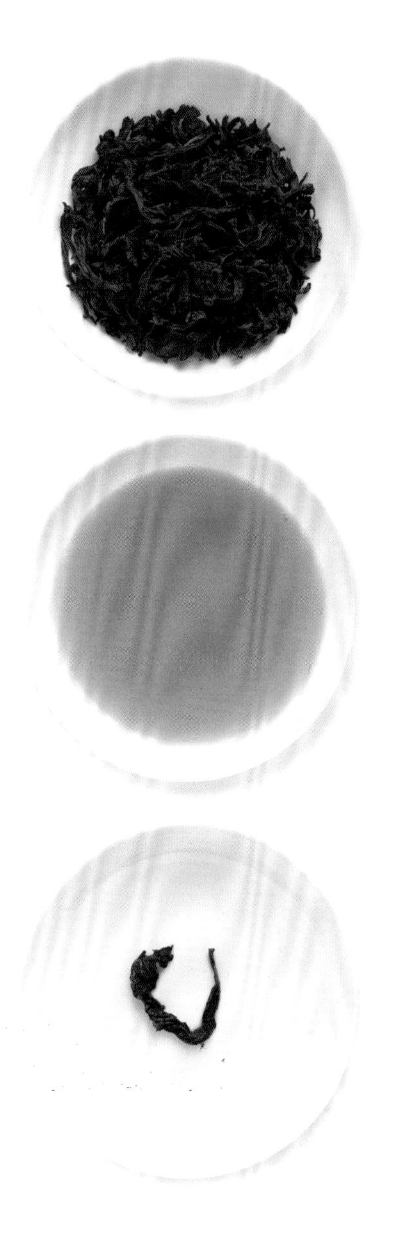

茶中状元

生长在武夷山脉的茶叶独领山水灵气，山间岩缝和沟壕的特别土质赋予大红袍一种坚韧、醇厚的品质。它叶质厚润，采制成茶芬芳独特，即是九道冲泡，依然不失其桂花香，堪称奇茗，被誉之国宝。

真假大红袍

不少人以为所谓真正的大红袍，就是大红袍母树所产的。九龙窠峭壁上仅有的 6 株大红袍的母树树龄已经有上百年，是稀世珍宝，2006 年开始休采，因此现在市面上买到的大红袍茶，根本没有从母树上采下的。可这并不意味着我们喝的大红袍茶是假的，目前市面上的大红袍为母树无性繁殖，其质量与母树是一样的。

品大红袍茶重在“岩韵”，岩韵锐则浓长，清则幽远，滋味浓而愈醇，鲜滑回甘。所谓“品具岩骨花香之胜”即指此意境。

冻顶乌龙

冻顶为山名，乌龙为品种名。据说是因冻顶山迷雾多雨，山路崎岖难行，上山的人都要绷紧脚趾，在我国台湾省俗称“冻脚尖”，才能上得去，这即是冻顶山名的由来，茶亦因山而名。

外形：紧结，呈条索状，墨绿色带有光泽

滋味：甘醇浓厚，圆滑甘润，饮后口颊生津，喉韵悠长

汤色：清澈，呈蜜黄色

叶底：稍透明，叶缘呈锯齿状，叶身淡绿，叶缘发酵变红

北文山、南冻顶

冻顶乌龙茶是我国台湾省包种茶的一种，包种茶按外形不同可分为两类，一类是条形包种茶，以“文山包种茶”为代表；另一类是半球形包种茶，以“冻顶乌龙茶”为代表。素有“北文山、南冻顶”之美誉。

悠久历史

冻顶产茶历史悠久，据我国《台湾通史》称：台湾省产茶，其来已久，旧志称水沙连（今南投县埔里、日月潭、水里、竹山等地）社茶，色如松罗，能避瘴祛暑。至今五城之茶，尚售市上，而以冻顶为佳，唯所出无多。1855 年，南投鹿谷乡村民林凤池，往福建考试读书，还乡时带回武夷乌龙茶苗 36 株种于冻顶山等地，逐渐发展成当今的冻顶茶园。

冻顶乌龙茶愈喝愈上瘾，茶汤入喉，甘爽、芳香的滋味便马上升腾而起，回荡在整个口腔，让人越喝越觉得妙不可言。

武夷肉桂

武夷肉桂，又称玉桂，是武夷名枞之一。由于它的香气滋味有似桂皮香，所以在习惯上称“肉桂”。肉桂的香气特别强劲，胜过其他品种岩茶，因此有人形容肉桂的香“霸气十足”。

外形：条索匀整卷曲；色泽褐禄，油润有光；干茶嗅之有甜香

滋味：茶汤特具奶油、花果、桂皮般的香气；入口醇厚回甘，咽后齿颊留香

汤色：橙黄清澈

叶底：匀亮，呈淡绿底红镶边

当家品种

20 世纪 60 年代以来，武夷肉桂品质特殊，逐渐为人们认可，种植面积逐年扩大，发展到武夷山的水帘洞、三仰峰、马头岩、桂林岩、碧石、九龙窠等地，并大力繁育推广，现已成为武夷岩茶中的当家品种。20 世纪 90 年代，武夷岩茶跻身于中国十大名茶之列，主要依靠的就是肉桂的奇香异质。

香不过肉桂

“香不过肉桂”，一直是肉桂茶对外宣传的名片。于是，很多人先入为主地认为，肉桂的香气要越浓越好。其实不然，肉桂的香气，讲究纯净而馥郁，以干净、饱满的桂皮香为上。纯净馥郁的果香、细腻悠长的花香，这些才是肉桂香气好的表现。

武夷肉桂，香胜白兰、芬芳馥郁，温而不寒，久藏不变质。这样一款好茶，怎么能让人不喜欢。

闽北水仙

作为闽北乌龙茶中两个花色品种之一，闽北水仙品质别具一格，“果奇香为诸茶冠”，在半发酵的乌龙茶类中，能与铁观音匹敌的就是闽北水仙了。

外形：匀整紧结，条索肥壮，色泽乌润墨绿色
滋味：香气悠长似兰花，味浓醇而厚，回味甘爽
汤色：浓艳，呈深橙黄色或金黄色
叶底：叶绿微红，叶底软亮，朱砂红边明显

茶乡茶飘香

闽北水仙茶产于千年古茶都和中国贡茶之乡的建瓯，经历岁月的风霜，有着丰富深刻的文化内涵和成熟的迷人韵味。十年水仙茶树称为“名枞水仙”；三十年以上的水仙茶树制得的茶叶称为“老枞水仙”；百年以上的水仙茶树制得的水仙茶，非常珍贵，这种茶树制成的水仙茶有特别的清香，称为“百岁香”。

醇不过水仙

武夷山茶区，素有“醇不过水仙，香不过肉桂”的说法。水仙的醇，一是有明显的甘、鲜感，二是有很强的滑爽感，最重要的是留味长久。品过一杯水仙茶，那种美好的茶香滋味会在齿颊间保留相当一段时间，挥散不去。如今闽北水仙的产量已占闽北乌龙茶的 60%~70% ，具有举足轻重的地位。

轻轻啜上一口闽北水仙，用心领略“和静怡真”的茶道精神。

铁罗汉

以福建武夷山慧苑内鬼洞的名丛铁罗汉鲜叶制成的乌龙茶，采制工艺与大红袍类似，香气馥郁悠长，多次冲泡仍有余香。

外形：色泽绿褐、油润、带宝色，条索粗壮，紧结匀整

滋味：香气浓郁悠长，兼具花果香者为上品

汤色：清澈艳丽，呈深橙黄色

叶底：软亮匀齐，红边带朱砂色

最早的武夷名丛

相传宋代已有铁罗汉名，为最早的武夷名丛。主要分布在武夷山内山（岩山）。由于铁罗汉树长在岩石间，使得它的成分及滋味特别，从元明以来为历代皇室贡品。铁罗汉茶树繁殖能力强，发芽较密，持嫩性强，制作出的乌龙茶品质优，色泽绿褐油润，香气浓郁悠长，滋味醇厚甘爽。因为铁罗汉茶树抗寒性与抗旱性强，现在武夷山已经大面积栽培种植。

岩茶老叟

铁罗汉的采制技术与其他岩茶相类似，但过程更加精细。铁罗汉的制作过程经历经晒青、凉青、做青、炒青、初揉、复炒、复揉、走水焙、簸拣、摊晾、拣剔、复焙、再簸拣、补火最后制成，有人形容铁罗汉为“岩茶中老叟”，独特的药香颇受茶人钟爱。

铁罗汉最宜冬日品饮，兰花香和药香层层叠叠地在味蕾中绽放，温暖的茶味入腹，身体的“细枝末节”都暖热起来。有茶如此，又何必“待到春风二三月，石炉敲火试新茶”？

永春佛手

在福建乌龙茶中，永春佛手虽不是一个大品种，却以其甘醇清舒的感官之美，以及宽胃通气的特殊保健功能而独树一帜，得到越来越多人的喜爱。

外形：干茶外形如海蛎干，条索紧结，粗壮肥重，色泽砂绿油润

滋味：香气馥郁悠长，沁人肺腑，滋味芳醇，生津甘爽

汤色：清澈，金黄透亮

叶底：柔软黄亮

佛手茶的由来

相传很久以前，闽南骑虎岩寺的一位和尚，天天以茶供佛。有一日，他突发奇想：佛手柑是一种清香诱人的名贵佳果，要是茶叶泡出来有佛手柑的香味多好啊！于是他把茶树的枝条嫁接在佛手柑上，经精心的培植，终获成功，这位和尚高兴之余，把这种茶取名“佛手”。清康熙年间，“佛手”传授给永春师弟，附近茶农竞相引种得以普及。

四季采制

永春佛手全年分四季采制。春茶在 4 月中旬至 5 月中旬；夏茶在 6 月上旬至下旬；暑茶在 7 月上旬至 8 月下旬；秋茶在 9 月以后。各季产量占全年产量比重，春茶为 40%，夏、暑、秋茶各占 20%。制茶原料采摘标准是在新梢展开四至五叶，顶芽形成柱芽时采下二、三叶。

冲泡后的永春佛手茶滋味醇厚、回味甘爽，就像屋里摆着几颗佛手、香橼等佳果所散发出来的绵绵幽香，沁人心脾。

凤凰单枞

凤凰单枞茶千姿百媚，具有丰韵独特的品质，是由历代茶农沿用传统的工艺，精心制作而成。

外形：挺直肥硕，条索粗壮，匀整挺直，色泽黄褐，油润有光，并有朱砂红点

滋味：浓醇鲜爽，润喉回甘，回味无穷

汤色：清澈黄亮

叶底：边缘朱红，叶腹黄亮

宋种一号凤凰茶

宋种一号是凤凰茶区现存最古老的一株茶树，生长在海拔约 1150 米的乌岽李仔坪村，树龄在 600 年以上。该株系已经有批量扦插繁殖，形成宋种一号的无性繁殖后代。茶丛韵味独特，回甘力强，耐冲泡，是单枞中的佼佼者。清明后采摘，制成毛茶后，精制需 15 天左右，经退火熟化才可上市。

春韵秋香

凤凰单枞春茶花香清雅，细腻悠长，给人以暗香渐露的感觉，滋味醇厚鲜爽，味中含韵，韵中含香，汤色黄艳澄碧，综合品质最佳。秋茶香气高锐，有一种热烈奔放的魅力，滋味浓醇，爽而不涩，汤色微黄清亮；夏茶、暑茶由于气温高，光照强，新梢生长快，生化成分的合成转化过程短，营养消耗大，物质积累少，茶叶香气浊而沉闷，滋味粗而欠爽。

凤凰单枞的品饮要分三口进行，“三口方知味，三番才动心”。可谓一茶入口，甘芳润喉，通神彻窍，其乐无穷。

黄金桂

黄金桂，又名黄旦，是与铁观音、本山、毛蟹齐名的安溪四大名茶之一，“色如黄金，香如桂花”是它的特色所在。

外形：条索紧细，卷曲匀整，体态较飘，叶梗细小，色泽黄润
滋味：幽雅鲜爽，带桂花香型，醇细鲜爽，回甘提神
汤色：金黄明亮
叶底：叶底中央黄绿，边沿朱红，柔软明亮

一早二奇

黄金桂香气特别高，有“一早二奇”之誉。“早”是指萌芽早，采制早，上市早；“奇”是指成茶的外形“细、匀、黄”，条索细长匀称，色泽黄绿光亮。黄金桂内质“香、奇、鲜”，即香高味醇，奇特优雅，因而素有“未尝清甘味，先闻透天香”之称。

清明采摘

在所有的乌龙茶中，黄金桂是出芽时间最早的一种。因为在清明时节采集，所以也被称为“清明茶”。一般 4 月中旬采摘，比铁观音早 12~18 天。采摘标准为，新梢形成芽后，顶叶呈小开面或中开面时采下二三叶。过嫩则成茶香低味苦，过老则味淡薄，香粗次。

冲泡后的黄金桂，未揭杯盖，茶香扑鼻；揭开杯盖，芬芳迷人。轻啜满口生津，滋味醇细甘鲜，令人心旷神怡。

白鸡冠

白鸡冠作为武夷岩茶四大名丛（大红袍、铁罗汉、白鸡冠、水金龟）之一，因产量稀少，一直被蒙上一层“犹在深闺人未识”的神秘面纱。

外形：干茶有淡淡的玉米清甜味，条索较紧结，一部分是黄绿色，一部分呈砂绿，可以见到红点

滋味：清纯幽雅、香高持久，茶味清纯顺口，回甘清甜持久

汤色：橙黄明亮

叶底：嫩匀，红边显现

仙风道骨

相对于武夷山天心寺发源的“佛茶”大红袍，白鸡冠是武夷山唯一的“道茶”。武夷山在道家眼里是三十六洞天的第十六洞天，白鸡冠正是以其独特的调气养生功效成就了第十六洞天“道茶”至尊的地位，从而登上四大名丛的金榜。

辨识度高

白鸡冠长在茶树上时，辨识度就很高，它的叶片是嫩黄色的，远远望去，仿佛一条金色的丝带飘在绿色的茶园里。行走在茶山，你也许未必能一眼认出水仙、肉桂、大红袍的茶树，可一下子就能看到白鸡冠，即使隔着百米远，那抹嫩黄色依旧醒目。制作成茶后，白鸡冠嫩黄色的外观特点，依旧明显。

不如其他岩茶阳刚、霸道，白鸡冠性情温和、内敛，味甘水甜，自始至终保持这份矜持和柔顺，就像水一样的女子，看似平淡而有内在的底蕴，令人陶醉。

文山包种

文山包种茶历史悠久，是我国台湾省北部茶类代表。目前我国台湾省所生产的包种茶以台北文山地区所产制的品质最优、香气最佳，习惯上称之为“文山包种茶”。

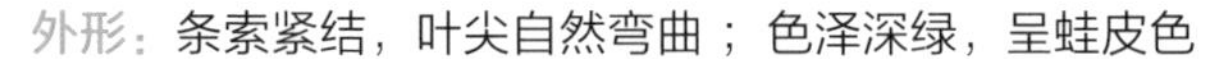

外形：条索紧结，叶尖自然弯曲；色泽深绿，呈蛙皮色

滋味：清香幽雅似花香，滋味甘醇

汤色：色泽金黄，清澈明亮

叶底：青绿微红边

得天独厚

名贵的文山包种茶产于我国台湾省台北市文山区，包括新店、坪林、深坑、石碇、平溪、汐止等乡镇，具有200多年的种茶历史，为台湾省制茶的发祥地。该产区地处群山环绕，得天独厚之经纬度，四季分明，气候终年湿润凉爽，土地肥沃，适于茶树生长。

第一清茶

在乌龙茶中，文山包种茶的“发酵”程度最低，也被称为“第一清茶”。文山包种茶的加工中，“发酵”目的是使叶子中所含儿茶素氧化。叶色由绿色转变成墨绿色，生成台湾高山茶特有的颜色。茶叶内的多酚类、氨基酸等物质，逐步被氧化，同时由于儿茶素氧化，使叶子中一部分物质发生化学作用，形成台湾高山茶特有的色香味品质。

上品的文山包种茶是带有活性的，冲泡后的香味和滋味带有浓厚绵密的变化，入口生津，齿颊留香，久久不散。

白毫乌龙

白毫乌龙的外形高雅、含蓄、优美，细细观察，有红、黄、白、青、褐等五种颜色，美若敦煌壁画中身穿五彩斑斓羽衣的飞天仙女，所以也称其为“五色茶”。

外形：叶身呈白、绿、黄、红、褐五色相间，不讲究条索，叶片褐红，心芽银白，色泽油润

滋味：带有成熟的果香与蜂蜜香，滋味软甜甘润，少有涩味

汤色：橙红明亮、呈琥珀色

叶底：红亮透明

东方美人

白毫乌龙又称东方美人茶，相传 100 年前，英国茶商将此茶呈献给英国维多利亚女王，由于冲泡后，其外观艳丽，犹如绝色美人曼舞在杯中，品尝后，女王更是赞不绝口，于是给茶赐名“东方美人”。

咬出来的香味

白毫乌龙茶因其独特的芳香而广受喜爱，而这种香味要归功于“虫咬”。茶树被小绿叶蝉咬了后，会启动防御反应，释放香味物质以吸引小绿叶蝉的天敌。而这些香味物质和茶树防御体系产生的其他物质一起，再经过制茶过程，就形成了东方美人茶的果蜜香味。

与其他乌龙茶不同的是，在品饮白毫乌龙时，待茶汤稍冷，滴入一点白兰地等浓厚的好酒，可使茶味更加浓醇。

黑茶

黑茶神秘而健康富足，最早的黑茶是在四川生产，由绿茶的毛茶经蒸压而成。经年后发酵的黑茶仿佛是冬季藏在角落里的陈皮，热水一煮，就莫管窗外风雪寒霜。

如果说对其他茶类人们追求的是“青春”的滋味，那么对黑茶而言，它打动人的则是岁月的沧桑，那愈陈愈香的特质是其他茶类不具备的。

大部分茶叶讲究的是新鲜，制茶的时间越短，茶叶越显得珍贵，陈茶往往无人问津。而黑茶则是茶中的另类，贮存时间越长的黑茶，反而越难得。因为黑茶是深度发酵的茶叶，发酵程度达 80% 以上，所以存放时间越长，香气越浓，这也是近些年普洱茶大行其道的原因之一。

黑茶茶汤为深红色，亮红或暗红，不同种类黑茶汤色有一定差异。普洱茶生茶汤色浅黄，自然发酵的普洱茶汤色随着存储年份增加由浅黄逐渐转变为橙黄、浅红和深红色；普洱熟茶汤色红浓明亮，令人赏心悦目。

黑茶制作工序

杀青

黑茶鲜叶粗老，含水量低，需高温快炒，翻动快匀，至青气消除、香气飘出、叶色呈均匀暗绿色即可。

揉捻

根据杀青原料老嫩程度的不同而做轻重调整，目的在于使茶叶片状经揉捻成条形或圆珠状。

渥堆

把经过揉捻的茶堆成大堆，保持一定的温度和湿度，用湿布或麻袋盖好，使其经过一段时间的发酵，适时翻动 1~2 次。渥堆是决定黑茶品质的关键，其时间长短、程度轻重都会直接影响黑茶成品的品质，使不同类别黑茶的风格具有明显差别。

干燥

通过最后干燥形成黑茶特有的油黑色和松烟香味，固定茶形和茶品，防止变质。

黑茶不是紧压茶

人们常常有这样一种错误的观念——黑茶即紧压茶，实际不然，黑茶和紧压茶是两个不同的分类，部分绿茶和红茶也可以制成紧压茶，只不过大部分的紧压茶都是由黑茶制成的。紧压茶不能直接冲饮，而散装黑茶则可以。

黑茶的功效

黑茶中含有较丰富的维生素和矿物质，另外还有蛋白质、氨基酸、糖类物质等。对主食牛羊肉和奶酪，饮食中缺少蔬菜和水果的西北地区的居民而言，长期饮用黑茶，可补充人体必需矿物质和各种维生素。黑茶具有很强的解油腻、助消化等功效，这也是肉食民族特别喜欢这种茶的原因。另外，黑茶还有降脂、减肥、软化人体血管、预防心血管疾病等功效。

普洱生饼茶

在澜沧江的怀抱中孕育并最终成为世界品牌的普洱茶，是自然与人文共同打造的精灵。千百年以来，各类异彩纷呈的茶品中，没有一种茶像普洱茶这样，承载了如此丰富的历史和文化内涵，弥漫着浓浓的人文气息。

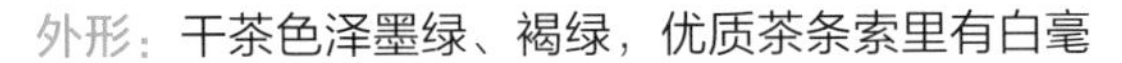

外形：干茶色泽墨绿、褐绿，优质茶条索里有白毫

滋味：入口湿润柔和，似丝绸般顺滑，陈化时间越长，醇滑感越优异，品茗时越感舒顺亲切

汤色：橙黄浓厚

叶底：黄绿、柔润，比较完整

茶马古道

在长时间的压制中，茶叶经历了缓慢的发酵，年代愈久，滋味愈醇，日久弥香。而在茶马古道那漫漫古道、马背上的起伏颠簸，茶叶又经风雨吹打、烈日暴晒、尘土和骡马体味的熏蒸则无疑是最后一道工序，正因为这漫长艰险的运送之途，普洱茶才暗自酝酿出了古老厚重的韵味。

凝结的茶香

普洱生茶是指毛茶不经过渥堆工序而完全靠自然转化而成为熟茶。自然转熟的进程相当缓慢，至少需要 5~8 年才适合饮用。但是完全稳熟后的生茶，其陈香中仍然存留活泼生动的韵致，且时间越长，其内香及活力越亦发显露和稳健，由此形成普洱茶越陈越香的特点，也养成了普洱爱好者爱收藏普洱茶的传统。

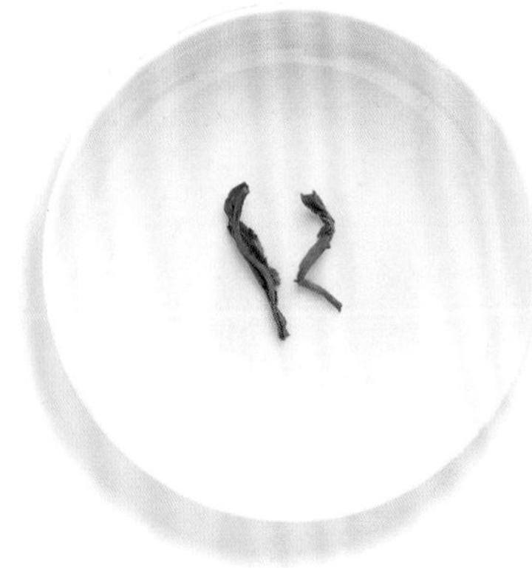

普洱生茶，味重于色，野性十足，加以岁月，造化出一个世界，喝进肚里，留在心中。

普洱熟饼茶

《红楼梦》中写到了大观园内品尝的“女儿茶”即为普洱茶，就连托尔斯泰的《战争与和平》中也居然写到了它。普洱茶，以其深厚的历史内涵及人文魅力，越来越多地为世人所瞩目。

外形：条索细紧、匀称，色泽褐红或深栗色，俗称猪肝红
滋味：纯和，入口无刺激感，具有独特的陈香
汤色：红浓透明
叶底：红棕色，不柔韧

独特工序

普洱茶有其独特的加工工序，一般都要经过杀青、揉捻、干燥、堆捂等几道工序。鲜采的茶叶，经杀青、揉捻、干燥之后，成为普洱毛青。这时的毛青韵味浓峻、锐烈而欠章理。毛茶制作后，因其后续工序的不同分为“熟茶”和“生茶”。经过渥堆转熟的，就成为熟茶。普洱熟茶再经过一段相当长时间贮放，待其味质稳净，便可饮用。贮放时间一般需要 2~3 年，干仓陈放 5~8 年的熟茶已被誉为上品。

选购要诀

选购普洱茶的四大要诀：一清：闻茶饼味。味道要清，不可有霉味。二纯：辨别色泽。茶色呈枣红色，不可黑如漆色。三正：存储得当。存放于仓中，防止其变得潮湿。四气：品饮汤。回甘醇和，不可有杂陈味。

普洱熟茶，色重于味，七八分老茶的形，二三分老茶的魂。

六堡茶

近年来，随着传统侨销黑茶——云南普洱茶需求量和影响力的扩大，同属传统侨销黑茶的梧州六堡茶也为众多爱茶之人所推崇，其独有的风味品质和保健作用逐渐被人们认识。喝六堡茶、谈论六堡茶、收藏六堡茶已成为饮茶爱好者追求的新风尚。

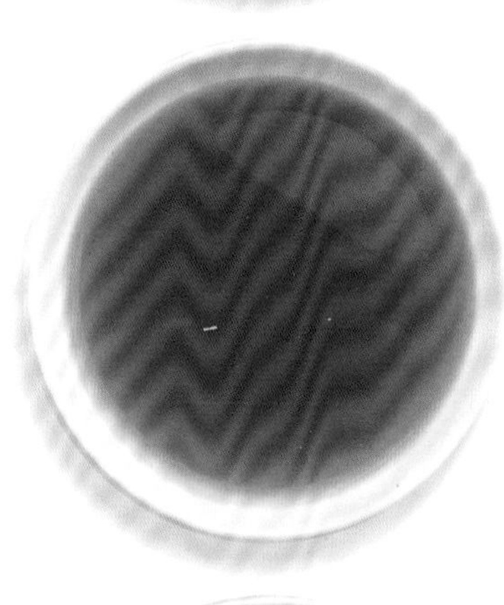

外形：色泽黑褐光润

滋味：陈香不会太霸道，但会很持续，很沉稳，茶味醇厚，于醇厚中体现出一种悠长的“茶气”

汤色：红浓明亮似琥珀

叶底：褐红或褐色

茶叶品质

六堡茶在晾置陈化后，茶中便可见到有许多金黄色“金花”，它能分泌淀粉酶和氧化酶，可催化茶叶中的淀粉转化为单糖，催化多酚类化合物氧化，使茶叶汤色变棕红，消除粗青味。

多种功效

在六堡茶的故乡，品六堡茶是把其放在瓦锅中，加入山泉水，明火煮沸后，稍置放，待微温饮用，倍感味甘醇香；有提抻、益脾消滞、生津解暑的功效，若加适量冬蜜搅匀饮之，可治痢疾。储存五年以上的陈六堡茶，可治小儿惊风等症。六堡茶冲泡后隔夜滋味不变，茶汤颜色不浊，喝时清凉祛暑。

六堡茶愈陈愈香的特质，和那温厚纯朴的品质，使它成为大隐之人的心室之友。

湖南黑茶

作为“中国世博十大名茶”中唯一的黑茶代表，湖南黑茶也逐渐从西北少数民族的“边销茶”迅速攀升为都市人群的“时尚健康饮品”。

外形：条索紧卷、圆直、叶质较嫩，色泽黑润
滋味：口感甜醇而不腻，香气醇厚带松烟香
汤色：橙黄
叶底：黄褐色

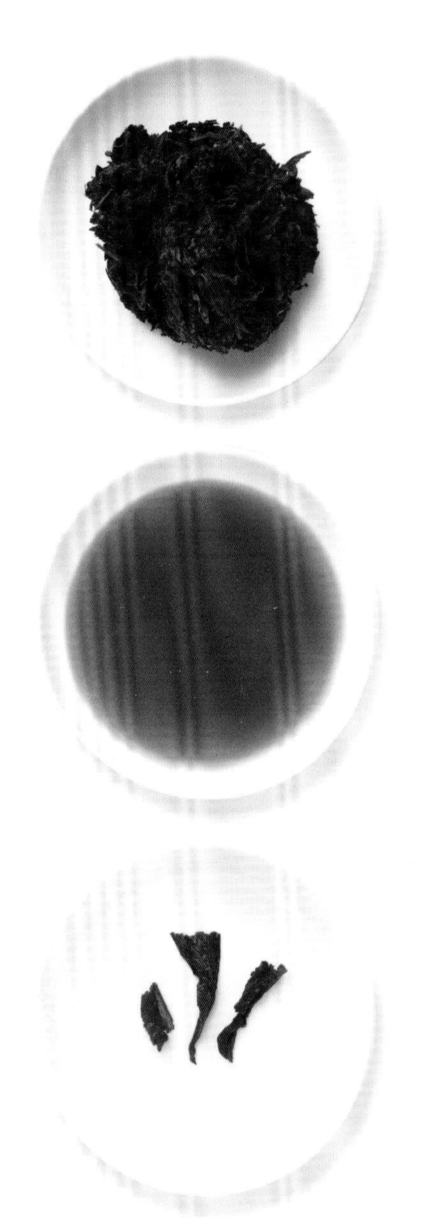

世界茶王

据说明嘉靖年间，资江下游出现了商埠重镇东坪和黄沙坪，它们与乔口和黄沙坪对岸的酉州一起，以茶叶为发端，成为丝绸之路的茶马古道在南方的重要起点。清代集黑茶生产工艺之大成而问世的“千两茶”，被近代人誉为“世界茶王”。清末，安化茶叶驰名天下，茶叶产业盛况空前。

茶人新宠

湖南黑茶逐渐从西北少数民族的“边销茶”迅速攀升为茶人们的“新宠”。湖南黑茶成品有“三尖”“四砖”“花卷”系列。安化白沙溪茶厂的生产历史最为悠久，品种最为齐全。“三砖”即黑砖、花砖和茯砖。

茶汤入口后，丝丝的甜味沁入喉嗓，沁人心脾，更有一种特殊的香味。

红茶

红茶属于全发酵茶，“*Black Tea*”大概是全世界说的最多的茶类名称，祁门红茶闻名天下，工夫红茶和小种红茶处处留香，红茶已经走遍了世界各地。

红茶是全世界生产与销售数量最多的茶类。

中国人喜欢清饮红茶，观其汤色、闻其香气、品其滋味，感受茶之真味；外国人喜欢调饮红茶，加奶、加糖；加杯奶是奶茶，遇上柠檬便成了柠檬茶，有容乃大，用在红茶身上最恰当不过。

红茶在加工过程中发生了以茶多酚酶促氧化为中心的化学反应，鲜叶中的化学成分变化较大，茶多酚减少90%以上，产生了茶黄素、茶红素等新成分。香气物质比鲜叶明显增加。所以红茶具有红茶、红汤、红叶和香甜味醇的特征。红茶滋味浓厚鲜爽，醇厚微甜，有熟果香、桂圆香。

红茶制作工序

萎凋

红茶初制的第一道工序，将鲜叶通过晾晒等过程失去水分，目的是增强茶的酶活性，同时叶片变柔韧，便于造型。

揉捻

便于氧化，利于发酵的顺利进行，使茶叶在揉捻过程中容易成形并增进色、香、味浓度。

发酵

发酵是决定红茶品质的关键工序。通过发酵促使多酚类物质发生酶性氧化，产生茶红素、茶黄素等氧化产物，形成红茶特有的色、香、味。

干燥

蒸发水分，达到适宜干度的过程，以固定外形，激化并保留高沸点芳香物质，获得红茶特有的醇厚、香甜、浓郁的香味。

工夫红茶

工夫红茶是我国独特的一个传统品种，因初制工序特别注意条索的紧结完整，精制时颇费工夫而得名，工夫红茶是采用显金毫的优质工夫红茶而制，滋味醇厚，更是红茶中的极品。工夫红茶是以红条茶为原料精制加工而成，按产地的不同有“祁红”“滇红”“宁红”“宜红”“闽红”“湖红”等不同的花色，品质各具特色。最为著名的当数安徽祁门所产的“祁红”和云南所产的“滇红”。

红茶功效

红茶可以帮助胃肠消化、促进食欲，可利尿、消除水肿，并强壮心脏功能。预防疾病方面，红茶的抗菌力强，用红茶漱口可预防滤过性病毒引起的感冒，并预防蛀牙与食物中毒，降低血糖与高血压。

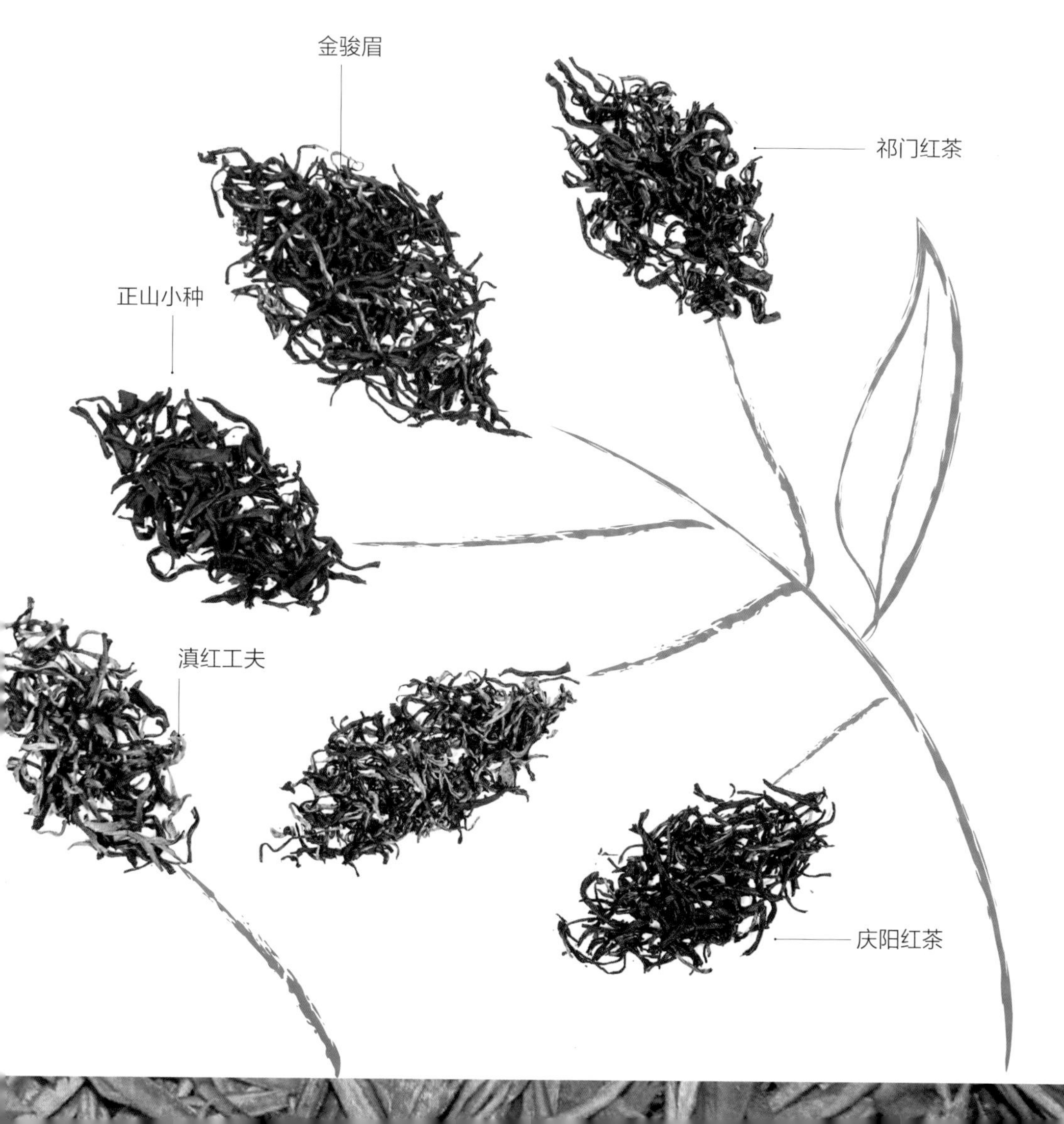

祁门红茶

如果说红茶似酒，那么祁门红茶就可当之无愧地比作红酒中最负盛名的波尔多。它自清代光绪初年诞生以来，驰名世界，畅销五洲，在中国乃至世界茶史中留下了最红、最靓的一笔。

外形：条索紧秀，锋苗好，色泽乌黑泛灰光，俗称“宝光”

滋味：香气浓郁高长，似蜜糖香，又蕴藏兰花香，还带有馥郁而独特的玫瑰香

汤色：红艳，碗壁与茶汤接触处有一圈金黄色的光圈，俗称“金圈”

叶底：嫩软红亮

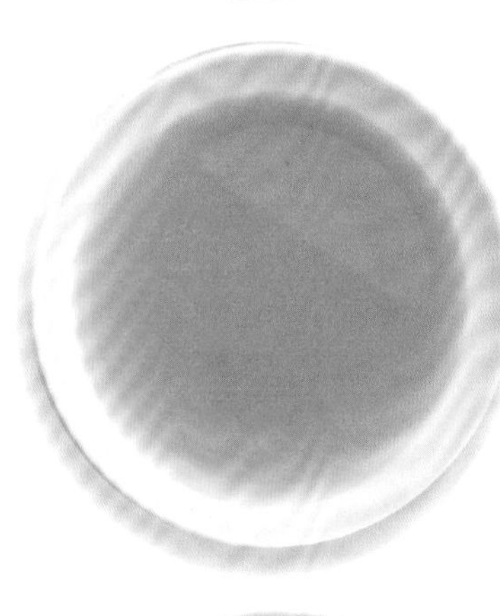

春天的芬芳

祁红在国际市场上被称之为“高档红茶”，英国人最喜爱祁红，每当祁红新茶上市，人人争相竞购，全国上下都以能品尝到祁红为口福。皇家贵族也以祁红作为时髦的饮品，用茶向皇后祝寿，他们认为“在中国的茶香里，发现了春天的芬芳”。

现采现制

祁红现采现制，以保持鲜叶的有效成分，特级祁红以一芽一叶及一芽二叶为主，制作工艺精湛。分初制和精制两大过程，初制包括萎凋、揉捻、发酵、烘干等工序。精制则将长短粗细、轻重曲直不一的毛茶，经筛分、整形、审评提选、分级归堆，再行复火，拼配，成为形质兼优的成品茶。

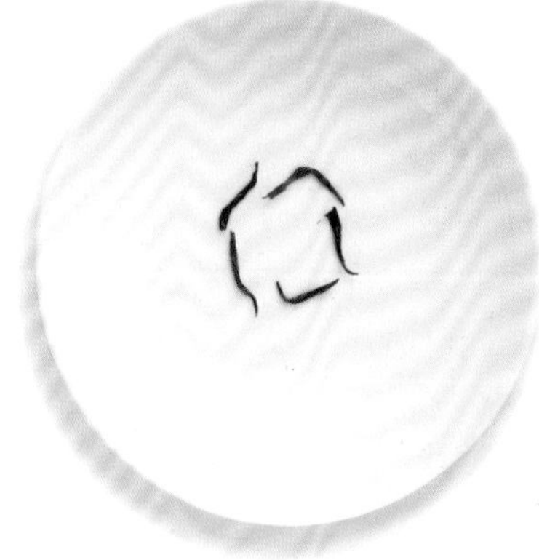

只要用心领略祁红那红艳的汤色，独特的“祁门香”，哪一位品茗者不会有超脱自然、进入忘我之境界的感受呢？

正山小种

正山小种又称为星村小种，是最古老的一种红茶。所谓“正山”，乃表明是真正的“高山地区所产”之意，原凡武夷山中所产的茶，均称为正山。

外形：条索肥壮，紧结圆直，色泽乌润

滋味：醇厚甘爽，喉韵明显，带有桂圆汤味；香气高长带松烟香

汤色：红艳浓厚，似桂圆汤

叶底：肥厚红亮

红茶鼻祖

正山小种是世界红茶的鼻祖，后来的工夫红茶就是在其基础上发展的。正山小种茶味浓郁、独特，在国际市场上备受欢迎，远销英国、荷兰、法国等地。17 世纪英国著名诗人拜伦在他的著名长诗《唐璜》里写道：“我觉得我的心儿变得那么富于同情，我一定要去求助武夷的红茶；真可惜，酒却是那么的有害，因为茶和咖啡使我们更为严肃。”诗中的武夷红茶就是正山小种。

过红锅

小种红茶的制法有别于一般红茶，发酵以后要在 200℃的平锅中进行拌炒 2~3 分钟，称之为“过红锅”，这是小种红茶特殊工艺处理技术，目的是散去青臭味、消除涩感、增进茶香。

有些茶，待茶汤冷后会出现苦味或涩感，而上好的正山小种茶汤冷后，却会有甜味润口，而且耐泡、浓而不苦。

滇红工夫

滇红工夫产于滇西、滇南两区，名气不输祁红。1938 年底，滇红销往伦敦，深受欢迎，以每磅 800 便士的价格售出而一举成名。据说，英国女王将滇红工夫茶置于玻璃器皿之中，作为观赏之物。

外形：条索紧结，锋苗秀丽，芽叶肥壮，金毫显露

滋味：浓醇嫩香，回味鲜爽

汤色：红艳明亮

叶底：单芽、红艳、柔嫩

茸毫显露

茸毫显露为滇红工夫的品质特点之一。滇红工夫其毫色可分淡黄、菊黄、金黄等类。凤庆、云县、昌宁等地，毫色多呈菊黄；动海、双江、临沧、普文等地工夫茶，毫色多呈金黄。同一茶园春季采制的一般毫色较浅，多呈淡黄；夏茶毫色多呈菊黄；秋茶多呈金黄色。

香郁味浓

滇红工夫的另一大特征为香郁味浓，以云县部分茶区所出为最，这里所产滇红工夫的香气中带有花香。滇南茶区工夫茶滋味浓厚、刺激性较强，滇西茶区工夫茶滋味醇厚、刺激性稍弱，但回味鲜爽。

从杯口吸吮一小口滇红，茶汤滋味会通过舌头，扩展到舌苔，直接刺激味蕾，此时可以微微、细细、啜啜品之。

金骏眉

金骏眉的诞生地是武夷山市桐木村。400多年前，这里是世界红茶的发源地，诞生了正山小种红茶；400多年后，这里又诞生了一个红茶新品——金骏眉，其风靡程度让人叹为观止。金骏眉甘醇的内涵足以倾倒品饮过它的人们。

外形：茸毛少，条索紧细、隽茂、重实
滋味：醇厚，甘甜爽滑，高山韵味持久
汤色：金黄浓郁，清澈，有金圈
叶底：呈金针状、匀整

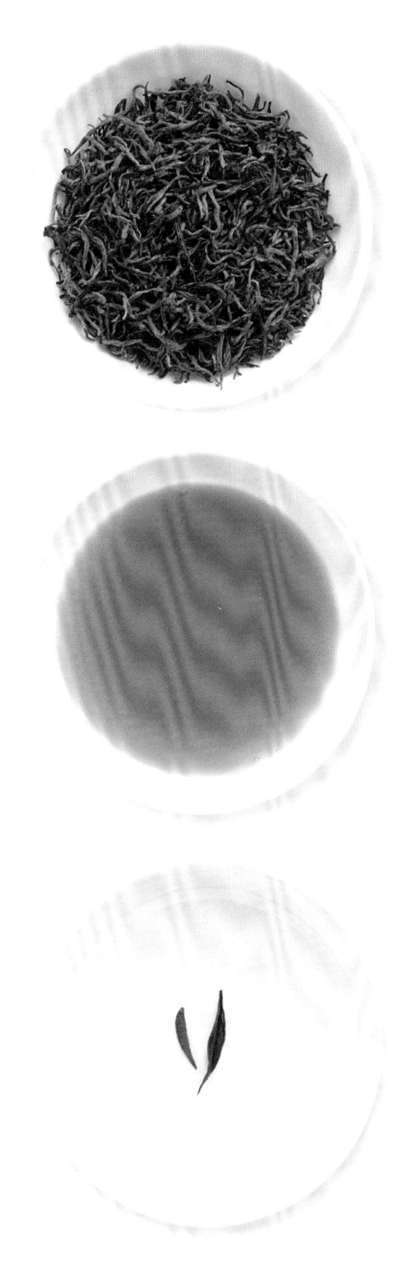

茶中珍品

金骏眉目前是中国高端顶级红茶的代表之一，其茶青为野生茶芽尖，摘于武夷山国家级自然保护区内海拔1200~1800米高山的原生态野茶树，6万~8万枚芽尖方制成500克金骏眉，结合正山小种传统工艺，由师傅全程手工制作，是可遇不可求之茶中珍品。

精益求精

金骏眉是武夷山正山小种的一个分支。正山小种与金骏眉虽然都是采摘于同一种茶树上的茶叶，但金骏眉采摘的是茶树上刚开芽的嫩叶采其芽头最鲜嫩的地方。而正山小种采摘的一芽或者一芽二叶的新鲜叶子为原料。在制作的过程中两种红茶又有所不同。正山小种更多的是采用传统的红茶制作手法，金骏眉在制作上更加的创新精进。

用茶盖轻轻撩拨金骏眉的茶汤，杯沿上浮起的如丝绸一般的茶烟，让人陶醉，也让人开悟。

政和工夫

政和工夫为闽红三大工夫茶之首，是以政和大白茶品种为主体，取政和大白茶品种滋味浓爽、茶汤颜色红艳之长，又适当配以小叶种取浓郁花香之特点的工夫红茶。

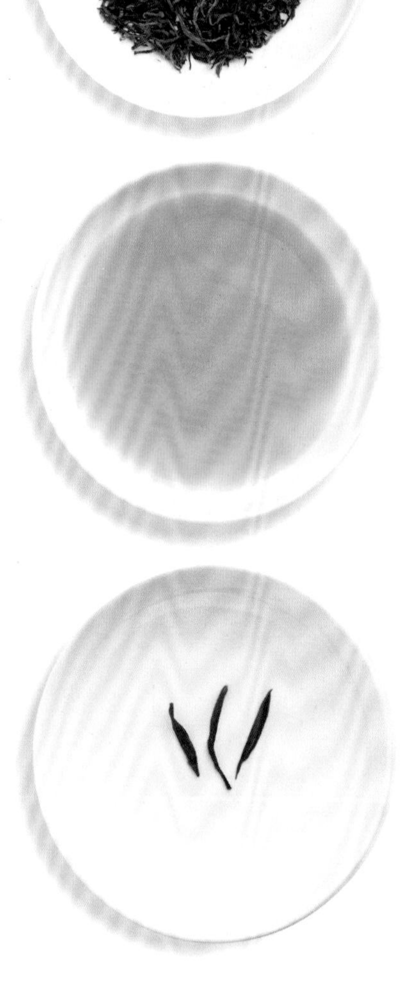

外形：条索肥壮重实、匀齐，色泽乌黑油润，毫芽显露金黄色

滋味：滋味醇厚；香气浓郁芬芳，隐约之间颇似紫罗兰香气

汤色：红艳明亮

叶底：橙红柔软

历史悠久

政和工夫历史悠久，源远流长。政和在宋朝盛产名贵的芽茶茶叶，徽宗政和五年，芽茶选作贡茶，喜动龙颜，徽宗皇帝乃将政和年号赐作县名，政和由此而来。1874 年，江西茶商来政和倡制工夫红茶，轰动一时。1896 年，用大白茶所制的“政和工夫”红茶，成为闽红三大工夫茶之首。

大茶小茶

政和工夫按品种分为大茶、小茶两种：大茶系采用政和大白茶制成，外形条索紧结圆实，内质茶汤颜色红浓，香气高而鲜甜，滋味浓厚，叶底肥壮尚红；小茶系采用小叶种制成，条索细紧，香似祁红，味醇和，叶底红匀。

政和工夫茶既适合清饮，又宜掺和砂糖、牛奶调饮。

坦洋工夫

100年前，百年红茶老字号——坦洋工夫，以高贵品质征服英伦三岛，但后来却盛极而衰。100年后，在政府的扶持下，坦洋工夫重新绽放生机，借助海峡两岸茶博会东风，卷土重来。

外形：条索紧结秀丽，茶毫微显金，色泽乌黑油润有光泽
滋味：香气高爽，滋味甜香浓郁
汤色：红艳，清澈明亮
叶底：红匀光亮

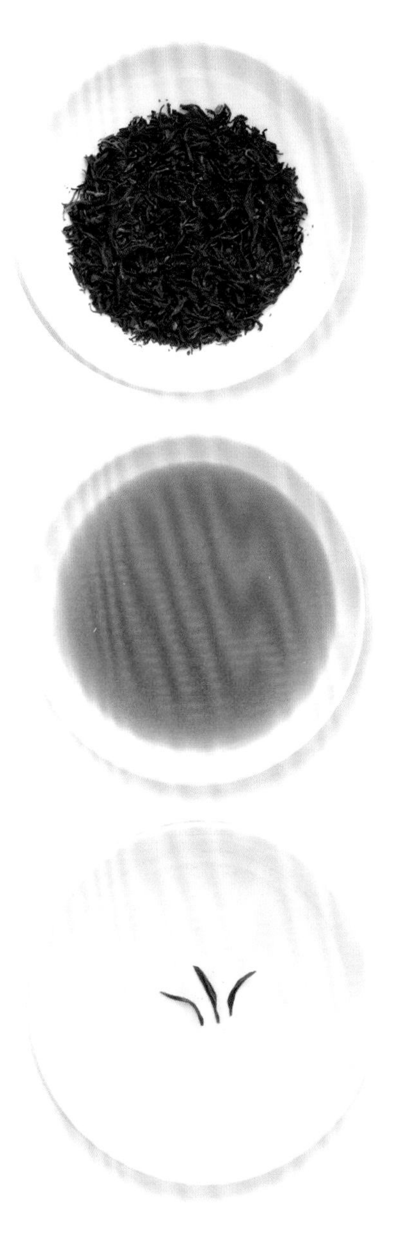

香飘四海

坦洋村民世代以茶为生，相传清咸丰、同治年间，坦洋茶商胡福四（又名胡进四）、施光凌试制红茶成功，产品远销西欧，茶商接踵而来并设洋行，“坦洋工夫”名声大噪。1915年“坦洋工夫”获得巴拿马太平洋万国博览会金奖，周恩来总理也曾对“坦洋工夫”红茶赞言：“坦洋工夫，香飘四海”。近年来，坦洋工夫更是喜讯频传，接连获得“福建十大名茶”“申奥茶”等荣誉。

名不妄扬

坦洋工夫的工艺不胜精微繁细，历经分青、萎凋、揉捻、发酵、初焙、拼配、筛分、捡剔、复火提香、再次拼配、归类匀堆等工序逾越十余关，历练更跨无数秋，始焙于清雍正之初，成香于咸丰年间，可谓精度百余载，凝香一壶春。

坦洋工夫茶香气甜润中蕴藏着一股桂圆之香，滋味醇厚，回味绵长。

C.T.C 红碎茶

C.T.C 红碎茶是“大渡岗 C.T.C 红碎茶”的简称，产于云南西双版纳大渡岗茶厂，适宜做成袋泡茶。红碎茶是茶叶揉捻时，用机器将叶片切碎呈颗粒型碎片，因外形细碎，故称红碎茶。

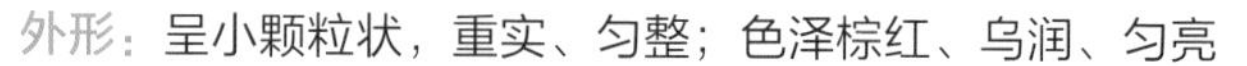

外形：呈小颗粒状，重实、匀整；色泽棕红、乌润、匀亮
滋味：鲜、爽、浓、强；香味鲜浓持久
汤色：红艳明亮
叶底：红匀明亮、柔软

后起之秀

红碎茶是国际茶叶市场的大宗产品，目前占世界茶叶总出口量的 80％左右，是国际卖价较高的一种红茶。红碎茶已有百余年的产制历史，而在我国发展，则是近 50 年的事。

适合不同风味的冲泡

红碎茶可直接冲泡，也可包成袋泡茶后连袋冲泡，然后加糖加乳，饮用十分方便。由于红碎茶的饮用方式较为特别，与其他茶类一般采用清饮有很大的不同，因此，品质强调滋味的浓度、强度和鲜爽度；汤色要求红艳明亮，以免泡饮时，茶的风味被糖、奶等兑制成分所掩盖。

红碎茶冲泡后宜与牛奶、糖、柠檬等调匀成奶茶或柠檬红茶。

九曲红梅

九曲红梅是浙江省目前28种名茶中唯一的红茶，源于灵山“九曲十八湾”的地理特征，涵盖深厚的文化底蕴和优异的品质特性，曾与狮峰龙井以“一红一绿”媲美享誉。

外形：条索细若发丝，弯曲细紧如银钩，披满金色的茸毛，色泽乌润

滋味：浓郁，香气芬馥

汤色：红艳明亮

叶底：红明嫩软

西湖茶宴

著名的“西湖茶宴”共四道茶（龙井茶、大红袍、九曲红梅、普洱茶），从绿茶到乌龙茶到红茶，九曲红梅列为红茶第一道。直到新中国成立前，江浙沪各地的茶商都以能经销这种茶叶而得意，每年茶季纷纷进山高价收购。

采摘适期

九曲红梅采摘是否适期，关系到茶叶的品质，以谷雨前后为优，清明前后开园，品质反居其下。品质以大坞山产者居上；上堡、大岭、冯家、张余一带所产称“湖埠货”居中；社井、上阳、下阳、仁桥一带的称“三桥货”居下。

冲泡后的九曲红梅看上去茶叶朵朵艳红，犹如水中红梅，绚丽悦目。

黄茶

黄茶的产生属于炒青绿茶的过程中的妙手偶得，人们发现，由于杀青、揉捻后干燥不足或不及时，叶色即变黄，于是产生了新的品类——黄茶。

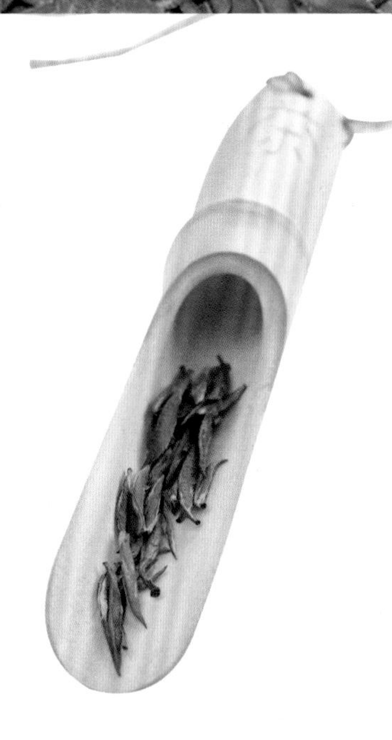

黄茶的生产历史悠久，明代许次纾的《茶疏》中就有黄茶生产、采制、品尝等记载，距今已有400多年的历史。

黄茶茶性微凉，为我国特种茶类。主要产于我国四川、湖南、湖北、浙江、安徽等省。虽然与绿茶的制作工艺有许多相似之处，但黄茶比绿茶多了一道“闷黄”的工艺，这是形成黄茶特点的关键，主要做法是将杀青和揉捻后的茶叶用纸包好，或堆积后以湿布盖之，时间以几十分钟或几个小时不等，促使茶坯在水的作用下进行自动氧化，形成黄色。“闷黄”使茶叶进行了发酵，使黄茶与绿茶有了明显的区别。因而绿茶属于不发酵茶类，而黄茶则属于后发酵茶类。

黄茶香气清高，滋味浓厚、鲜爽、醇厚，不仅茶身黄，汤色也呈黄色，形成了“黄汤黄叶”的品质风格。

黄茶制作工序

萎凋

通过晾晒，使鲜叶损失部分水分，增强茶的酶活性，同时叶片变柔韧，便于造型。

杀青

对黄茶香味的形成有着极为重要的作用。杀青过程中蒸发掉一部分水分，酶的活性降低，散发出青草气，由此形成黄茶特有的清鲜、嫩香。

闷黄

黄茶独有的制造工艺，通过湿热作用使茶叶内含成分发生一定的化学变化，是形成黄茶黄色黄汤的关键工序。

干燥

蒸发多余的水分，便于储存。

贵比黄金的茶叶

黄茶，按其鲜叶的嫩度和芽叶大小，分为黄芽茶、黄小茶和黄大茶三类。蒙顶黄芽、君山银针、沩山毛尖、平阳黄汤等均属黄小茶，而安徽皖西金寨、霍山及湖北英山所产的一些黄茶则为黄大茶。湖南是主要的黄茶产区，岳阳的君山和宁乡的沩山是两大茶乡，所以有“潇湘黄茶数两山”之说。市场上的黄茶价格不菲，动辄上千元一斤（500 克），还真是恰如其名。

黄茶的功效

黄茶在闷黄的过程中，会产生大量的消化酶，对脾胃最有好处，消化不良、食欲不振、懒动肥胖，都可饮而化之。黄茶能穿入脂肪细胞，使脂肪细胞在消化酶的作用下恢复代谢功能，将脂肪分解。黄茶中富含茶多酚、氨基酸、可溶糖、维生素等丰富营养物质，对防治食管癌有很好的功效。此外，黄茶鲜叶中天然物质保留有 85% 以上，而这些物质对防癌、抗癌、杀菌、消炎均有特殊效果。

君山银针

君山银针产于烟波浩渺的洞庭湖中的青螺岛，据说君山茶的第一颗种子还是4000多年前娥皇、女英播下的。这里所产的茶吸收了湘楚大地的精华，尽得云梦七泽的灵气，所以风味奇特、极耐品味。

外形：芽壮挺直，条直匀齐，白毫如羽，色泽鲜亮

滋味：香气清高，味醇甘爽，清香沁人

汤色：杏黄明净

叶底：黄亮匀齐

三起三落

好的君山银针茶，冲泡时会出现“三起三落”的奇观。这是由于茶芽吸水膨胀和重量增加不同步，芽头比重瞬间变化而引起的。可以设想，最外一层芽吸水，比重增大即下降，随后芽头体积膨大，比重变小则上升，继续吸水又下降，于是就有了三起三落的奇观。

清明前后九不采

君山银针的采摘和制作都有严格要求，每年只能在“清明”前后7~10天采摘，采摘标准为春茶的首轮嫩芽。而且还规定：雨天不采、风伤不采、开口不采、发紫不采、空心不采、弯曲不采、虫伤不采等“九不采”。叶片的长短、宽窄、厚薄均是以毫米计算，500克银针茶，约需十万五千个茶芽。

君山银针冲泡后，芽尖冲向水面，悬空竖立，继而徐徐下沉，三起三落，形如群笋出土，又像银刀直立，浑然一体，甚是美妙。

霍山黄芽

霍山黄芽起源于唐朝,是久负盛名的历史名茶,《红楼梦》中贾宝玉最爱的养生茶便是霍山黄芽了。现如今,霍山黄芽与黄山、黄梅戏并称为“安徽三黄”。

外形:条直微展,匀齐成朵、形似雀舌、嫩绿披毫
滋味:香气清香持久,滋味鲜醇浓厚、回甘
汤色:黄绿明亮
叶底:黄绿嫩匀

久负盛名

霍山黄芽最早的记载见于西汉司马迁的《史记》:“寿春之山有黄芽焉,可煮而饮,久服得仙。”自唐至清,霍山黄芽历代都被列为贡茶。霍山黄芽开采期一般在谷雨前两三天,采摘刚刚展开的一芽一叶或一芽两叶,通过五道工序精制而成。

三种香型

目前霍山黄芽香型大概有三种:即清香,花香,熟板栗香。产地气候不同,香气不一,如白莲岩的乌米尖新产的黄芽有花香,太阳乡的金竹坪新产的黄芽为清香型,而大化坪镇的金鸡山产的黄芽为熟板栗香,几种香型均香高持久。

霍山黄芽第二泡茶香最浓,滋味最佳,可充分体验茶汤甘泽润喉、齿颊留香、回味无穷的特征。

蒙顶黄芽

美丽的四川蒙山不仅盛产绿茶名品蒙顶甘露，也是珍品黄茶蒙顶黄芽的故乡。

外形：芽条匀整，扁平挺直，色泽黄润，全毫显露

滋味：甘醇鲜爽

汤色：黄亮

叶底：全芽，嫩黄匀齐

茶中故旧是蒙山

蒙顶茶是蒙山所产名茶的总称。唐宋以来，川茶因蒙顶贡茶而闻名天下。白居易诗有“蜀茶寄到但惊新”之句。当时进贡到长安的名茶，大部分为细嫩散茶，品名有雷鸣、雾钟、雀舌、鸟嘴、白毫等，以后又有凤饼、龙团等紧压茶。现在，一些传统品类的名茶都被保留下来，并加以改进提高。品名有甘露、石花、黄芽、米芽、万春银叶、玉叶长春等。20 世纪 50 年代初期以生产黄芽为主，称“蒙顶黄芽”，为黄茶类名优茶中之珍品。

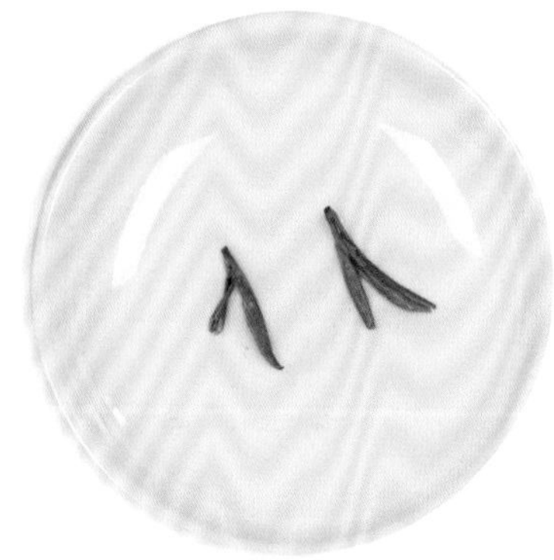

春分采摘

蒙顶黄芽采摘于每年的春分时节，当茶树上有 10% 左右的芽头鳞片展开时，即可开园采摘。采摘时，选取肥壮的芽和一芽一叶初展的芽头，要求芽头肥壮匀齐，每制作 500 克蒙顶黄芽需要采摘鲜芽 8000~10000 个。

冲泡后的蒙顶黄芽汤色黄中透碧，滋味甘醇鲜爽，齿颊留芳。

莫干黄芽

莫干黄芽是黄茶的一种，产于浙江省德清县的莫干山，为浙江省第一批省级名茶之一，早在晋代就有僧侣上莫干山结庵种茶。

外形：紧细成条，细似莲心，多显茸毫

滋味：香气芳烈，滋味鲜爽

汤色：黄绿清澈

叶底：嫩黄成朵

莫干茶事

莫干山为天目山余脉，传说因春秋末年干将、镆铘铸剑此山而得名，是我国著名的避暑胜地。

早在晋代就有僧侣上莫干山结庵种茶。陆羽的《茶经》、明雪峤大师的《双髻山居》、清吴康侯的《莫干山记》都曾记述过莫干茶事。清末，有“江南第一才子”之称的冯熙曾写诗赞曰：“品茶夙嗜狮峰产，日饮惘何六十年。闻道莫干有佳茗，愿从陆羽补丛编。”

严格采摘

莫干黄芽的采摘要求很严格，清明前后所采称“芽茶”，夏初所采称“梅尖”，七月、八月所采称“秋白”，十月所采称“小春”。春茶又有芽茶、毛尖、明前及雨前之分，以芽茶最为细嫩，于清明与谷雨之间，采摘一芽一、二叶最为名贵。

莫干黄芽汤色中黄、透亮，给人一种秋天的成熟丰韵。

白茶

白茶属轻微发酵茶，之所以称为白茶，是因为白茶的叶尖和叶背面有一层似银针的白色茸毛。白茶性清凉，具有退热降火之功效，为不可多得的珍品。

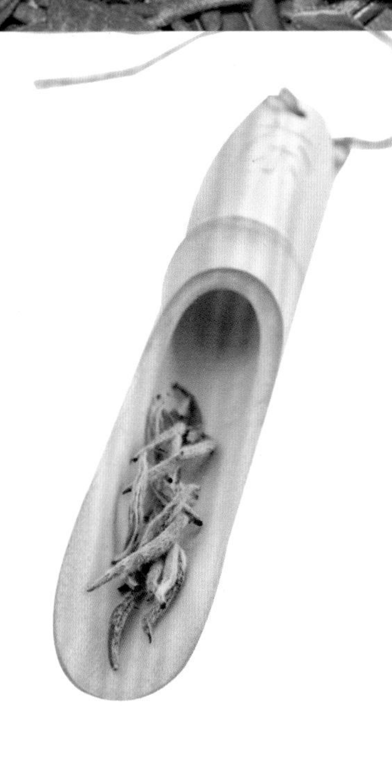

我国是全世界唯一出产白茶的国家，主要产于福建省，台湾省也有少量出产。

如果把制茶比做烹饪，那么绿茶是小炒，红茶像是红烧，而白茶就有如白灼，保留最原始的茶叶滋味。就像人与人之间的感情，不需要惊天动地，只要始终如一的温暖和真心。白茶制作工艺天然，只经自然萎凋、干燥而成，大量保留了茶叶中的营养元素。存放多年的白茶，茶叶内部成分逐渐转化，香气成分逐渐挥发，从新茶的毫香蜕变为荷叶香、枣香和药香，汤色也逐渐从浅黄沉淀为杏黄、琥珀红，滋味也变得更加醇和厚朴，因此民间对白茶素有“一年茶、三年药、七年宝”的说法。

传统白茶制法不炒不揉，因而汤色与滋味清淡。

白茶制作工序

萎凋

萎凋过程是形成白茶干茶密布白色茸毫品质的关键，分为室内萎凋和室外萎凋两种方法，根据气候的不同灵活运用。因为没有揉捻工序，所以茶汁渗出的较慢，但是因为制法的独特，恰恰没有破坏茶叶本身酶的活性，所以保持了茶的清香、鲜爽。

干燥

去除多余水分和苦涩味，使茶香高味醇。

茶叶的活化石

白茶的历史很悠久，宋代贡茶中就有它，清雅芳名的出现，迄今已有 880 余年了。而白茶的生产也有 200 年左右的历史，最早是由福建福鼎首创的。白茶是一种昂贵稀少价位很高的历史名茶，号称“茶叶的活化石”。白茶在过去还有许多好听的名字，如瑞云祥龙、龙国胜雪、雪芽等。

白茶的主要品种有银针、白牡丹、贡眉、寿眉等。尤其是白毫银针，全是披满白色茸毛的芽尖，形状挺直如针，在众多的茶叶中，它是外形最优美者之一，令人喜爱。汤色浅黄，鲜醇爽口，饮后令人回味无穷。

白茶的功效

白茶的药效早在《本草纲目》中就有记载：“白茶性寒凉，功同犀角。”中医药理证明，白茶味温性凉，具有退热降火、祛湿败毒的功效。在闽东北农村就常有用白茶炖冰糖来降火去噪，治疗牙疼、便秘等。在福鼎等白茶产地，也常用陈年白茶治疗小儿麻疹、发热等。时至今日也常被称为“消炎祛火茶”。 研究结果更表明，白茶还有保护心血管系统、抗辐射、抑菌抗病毒、抑制癌细胞活性等方面的功效。

白毫银针

白毫银针是白茶中的珍品。主产地有福鼎和政和，尤以福鼎生产的白毫银针品质为高。

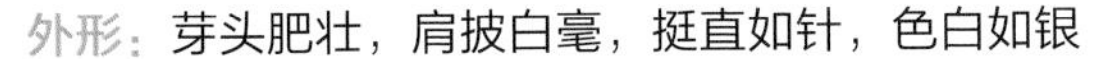

外形：芽头肥壮，肩披白毫，挺直如针，色白如银
滋味：醇厚，回味甘甜，香气清新
汤色：呈杏黄色，清澈晶亮
叶底：嫩匀完整、色绿黄

南路北路

白毫银针因产地和茶树品种不同，分北路银针和南路银针两个品种。北路银针，产于福建福鼎，茶树品种为福鼎大白茶。南路银针，产于福建政和，茶树品种为政和大白茶，其光泽不如北路银针。

北苑灵芽天下精

白毫银针的采摘十分细致，于每年的三月下旬至清明节前采摘，要求极其严格。规定雨天不采，露水未干不采，细瘦芽不采，紫色芽头不采，风伤芽不采，人为损伤芽不采，虫伤芽不采，开心芽不采，空心芽不采，病态芽不采，号称“十不采”。只采肥壮的单芽头，如果采回一芽一、二叶的新梢，则只摘取芽心，俗称之为“抽针”。

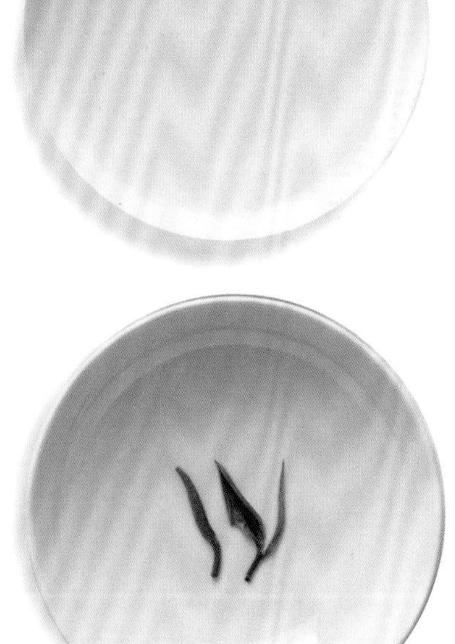

白毫银针茶汤滋味因产地不同而略有不同。福鼎所产银针滋味清鲜爽口，回味甘凉；政和所产的银针汤味醇厚，香气清芬。

白牡丹

白牡丹与白毫银针根根芽头分明相比，区别很大，它均净成朵状的外形，足以令人沉醉，“卷曲成朵”的白牡丹芽叶连枝，茶在杯中像极了盛开的牡丹花朵，故而得其名。

外形：两叶抱一芽，叶态自然，色泽深灰绿或暗青苔色，叶张肥嫩，呈波纹隆起，叶背遍布洁白茸毛，叶缘向叶背微卷，芽叶连枝

滋味：清醇微甜，毫香鲜嫩持久

汤色：清澈呈杏黄色

叶底：嫩匀完整

红装素裹

白牡丹外形毫心肥壮，叶张肥嫩，叶缘垂卷，叶态自然，叶色灰绿，夹以银白毫心，呈“抱心形”，叶背遍布洁白茸毛。茶汤颜色杏黄或橙黄清澈，叶底浅灰，叶脉微红，香味鲜醇。

春茶加工

白牡丹原料采自政和大白茶、福鼎大白茶及水仙等优良茶树品种，选取毫芽肥壮，洁白的春茶加工而成。其制作工艺关键在于萎凋，要根据气候灵活掌握，以春秋季晴天或夏季不闷热的晴朗天气，采取室内自然萎凋或复式萎凋为佳。精制工艺是在拣除梗、片、腊叶、经张、暗张进行烘焙，只宜以火香衬托茶香，保持香毫显现，汤味鲜爽。

冲泡后，碧绿的叶子衬托着嫩嫩的叶芽，形状优美，好似牡丹蓓蕾初放。

花茶

花茶又称香花茶、香片，是我国独特的一个茶叶品类。花茶集茶味与花香于一体，既保持了浓郁爽口的茶味，又有鲜灵芬芳的花香，茶引花香，花增茶味。

花茶选用已加工茶坯做原料，加上适合食用并能够散发香味儿的鲜花为花料，采用特殊窨制工艺制作而成。用于窨制花茶的茶坯主要是绿茶，少数用红茶、乌龙茶。绿茶以烘青绿茶窨制的花茶品质最好。花茶因为窨制鲜花不同分为茉莉花茶、白兰花茶、珠兰花茶、玳玳花茶、桂花花茶等。以茉莉花茶最常见，其香气芬芳、清高；珠兰花茶，香气纯正清雅；玉兰花茶，香气浓烈；玳玳花茶，香气味浓；桂花茶，香味淡且持久。茉莉花茶产量最大，占花茶总产量的70%，以福建福州、江苏苏州出产较佳。

在崇尚绿色、环保的今天，花茶已成为人们“回归自然、享受健康”的好茶，它带给人们一种天然草本饮品，也带给人们一种纯净自然的生活方式。

花茶制作工序

窨制

指将鲜花和经过精制的茶叶拌和，在静止状态下茶叶缓慢吸收花香，然后筛去花渣，将茶叶烘干而成。

鉴别真假花茶

真花茶：是用茶坯（原茶）与香花窨制而成。高级花茶要窨多次，香味浓郁。

假花茶：是指拌干花茶。在自由贸易市场上，常见到出售的花茶中，夹带有很多干花，并美其名为“真正花茶”。实质上这是将茶厂中窨制花茶或筛出的无香气的干花拌和在低级茶叶中，以冒充真正花茶。闻其味，是没有真实香味的，用开水泡后，更无香花的香气。

茶叶功效

花茶中含有的多酚类物质，能除口腔细菌；其中的儿茶素，能抑菌、消炎、抗氧化，有助于伤口的愈合，还可阻止脂褐素的形成。茶叶中的绿原酸，亦可保护皮肤，使皮肤变得细腻、白润、有光泽。同时鲜花含有多种维生素、蛋白质、矿物质、氨基酸、糖类等，鲜花的芳香油具有调节神经系统的功效。

茉莉花茶

茉莉花茶是花茶中的珍品,有着“窨得茉莉无上味,列作人间第一香”的美誉,是最佳天然保健品之一。

外形：条索紧细匀整，色泽黑褐油润
滋味：醇厚鲜爽，香气鲜灵持久
汤色：清亮而艳丽
叶底：嫩匀柔软

窨制过程

花茶窨制过程主要是鲜花吐香和茶坯吸香的过程。茉莉鲜花的吐香是生物化学变化，成熟的茉莉花在酶、温度、水分、氧气等作用下，分解出芳香物质，随着生理变化而不断吐出香气来。茶坯吸香是在物理吸附作用下，随着吸香同时也吸收大量水分，由于水的渗透作用，产生了化学吸附，在湿热作用下，发生了复杂的化学变化，茶汤从绿逐渐变黄亮，滋味由淡涩转为浓醇，形成特有的花茶的香、色、味。

上等花茶

上等茉莉花茶所选用毛茶嫩度较好，嫩芽多，芽毫显露。越是低档茶叶，芽越少，叶越多。好的茉莉花茶，其茶叶之中散发出的香气应浓而不冲、香而持久，清香扑鼻，闻之无丝毫异味。

品饮茉莉花茶，可待茶汤稍凉适口时，小口喝入，并将茶汤在口中稍事停留，以口吸气、鼻呼气相配合的动作，使茶汤在舌面上往返流动6次，充分与味蕾接触，品尝茶叶和香气后再咽下。

玫瑰花茶

花茶不但适合在春天饮用，还可以表达饮茶人的感受和状态，比如玫瑰的浪漫，让玻璃杯不再只是单一的色彩。有时，这样简单的快乐，不经意间成就了较好的容颜。

外形：颗粒饱满色泽乌润，显露花片，有浓郁香气
滋味：气味清香，甘中微苦，含浓郁之玫瑰花香
汤色：红艳透明
叶底：鲜嫩

源远流长

玫瑰窨制花茶，早在我国明代钱椿年编、顾元庆校的《茶谱》、屠隆《考盘馀事》、刘基《多能鄙事》等书就有详细记载。我国现今生产的玫瑰花茶主要有玫瑰红茶、玫瑰绿茶、墨红红茶、玫瑰九曲红梅等花色品种。

浓香不猛

玫瑰花茶所采用的茶坯有红茶、绿茶，鲜花除玫瑰外，蔷薇、桂花和现代月季也具有甜美、浓郁的花香，也可用来窨制花茶。玫瑰花茶香气有浓、轻之别，和而不猛。优质玫瑰花茶较重，没有花梗、碎末等。外形以颗粒饱满、色泽均匀，色鲜朵大气香为上品。

把玫瑰种在自己的水杯里，在杯中绽放。

造型花茶

造型花茶是手工制成的造型花茶，与窨制花茶有很大的区别。它是将一些干花和茶叶进行人工捆绑后，经过造型，花中有茶，茶中有花，极具观赏性。冲泡造型花茶，一般选用漂亮、耐高温的玻璃茶具，用沸水冲入，待花和茶叶绽开即可。

花开富贵

由金盏菊和银针绿叶组成。精选的银针绿叶等制成的手工花茶，深受女性朋友的喜欢，滋味鲜浓醇和，回味甘甜，具有花香和银针绿茶的清香。

丹桂飘香

当花儿绽放时，橘红色的百合花初放，却飘出粒粒桂花子，浮于水面，散发出时而似桂，时而如百合的强烈香味。

万紫千红

红色的康乃馨经过冲泡之后红得发紫，康乃馨具有清心除燥、排毒养颜、预防衰老等功效。

秋水伊人

杯中的茶球刚刚打开，便有火红的百合花瓣如仙子的飘带一般舒展，洁白的茉莉在百合的围绕中轻盈升起，犹如天上裙裾飞扬的仙女。

金盏银坛

在花的衬托下，整个茶球在水中绽放得十分壮丽。这朵美丽大方的金莲花让人叹服。

双龙戏珠

在开水的冲泡下，似两条银龙窜出金黄色的海面争抢一颗龙珠，气势不凡，栩栩如生。

一见钟情

先是一阵茉莉花香沁人心脾。不一会儿，一朵红花露出来，几朵长长的黄色花朵往上伸，仿如茶花仙子一样，摆动着裙摆，翩翩起舞。

东方美人

洁白的茉莉花从打开的金黄色舞台中优美地舒张升起，在水的滋润下，茉莉花如玉雕般玲珑剔透，就如东方女子在摇曳起舞般，绝美动人。

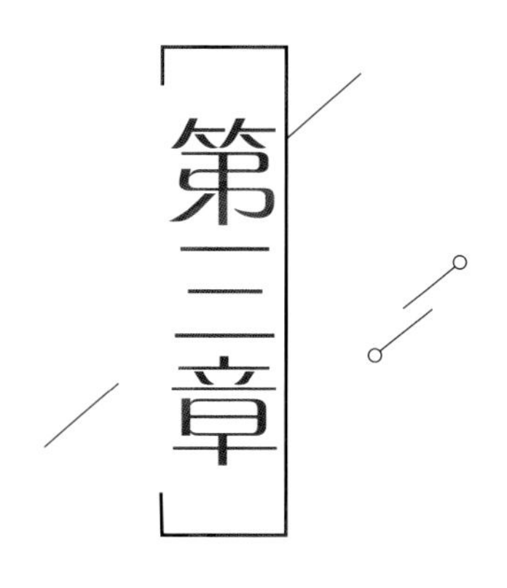

茶具

古往今来，但凡讲究品茗情趣的人，都注重品茶韵味，强调“壶添品茗情趣，茶增壶艺价值”，认为好茶好器，犹似红花绿叶，相映生辉。对爱茶人来说，不仅会选择好茶，还会选配好茶具。

古今茶具大观

一器成名只为茗

“茶具”一词最早出现在2000多年前的西汉时期，有学者认为西汉王褒《潼约》里记录的“烹茶器具”是中国最早提及茶具的史料。而茶具“自立门户”，从其他器具中分离出来，第一次被完整整理记录下名称，细化其用途，是在陆羽的《茶经》中。

唐代以前

古今关于茶具的概念稍有不同，我们现在所说的“茶具”，主要指茶壶、茶杯等饮茶器具，而在古代“茶具”的概念似乎指更大的范围，其中包括制茶、盛茶、烘焙茶具、饮茶有关的器具，甚至包括茶人、茶舍。

茶具的产生和发展是和茶叶生产、饮茶习惯的发展和演变密切相关的。最早的时候，茶具没有从餐食、酒具中分离。早期茶具多为陶制。陶器的出现距今已有很久的历史。由于早期社会物质文明极其贫乏，因此茶具是一具多用的。

直到魏晋以后，清谈之风渐盛，饮茶也被看作为高雅的精神享受和表达志向的手段，正是在这种情形下，茶具才从其他生活用具中独立出来。考古资料说明最早的专用茶具是盏托。到南朝时，盏托已普遍使用。

南青北白

到了唐代，饮茶风尚从南方推广到北方，茶的生产也进一步扩大。此时瓷业出现“南青北白”的局面，并以此引领后世中国瓷器的基本风貌。

“南青”，指的南方浙江的越窑青瓷。以慈溪市上林湖、上虞市窑寺前的产品最具代表性。从商周战国秦汉六朝几代，这里一直以烧制青瓷为主，具深厚的制瓷基础和技术力量，至唐代技艺更加娴熟。越窑青瓷代表了当时青瓷的最高水平，以瓷质细腻，线条明快流畅、造型端庄浑朴著称。唐代诗人陆龟蒙曾以“九秋风露越窑开，夺得千峰翠色来”的名句赞美青瓷。

“北白”，指的是北方河北的邢窑白瓷，是以内丘城为中心发展起来的，在唐代，邢窑的白瓷器具已“天下无贵贱通用之”。

诗歌中有很多关于“南青北白”的描写，唐代诗人皮日休曾在他的诗《茶瓯》写道：“邢人与越人，皆能造瓷器。圆似月魂堕，轻如云魄起”，可见一斑。邢瓷和越瓷这两大类瓷器，是中国陶瓷史上两朵奇葩，没有高下，每个品种的审美趣味和境界都非常高，堪称并驾齐驱。

香茶需好器，好器衬香茶。

五大名窑

宋代的陶瓷工艺进入黄金时代，最为著名的有汝窑、官窑、哥窑、定窑、钧窑五大名窑。因此，宋代茶具也独具特色。

汝窑

北宋晚期为宫廷烧制青瓷，是古代第一个官窑，汝窑窑址在今河南省宝丰县清凉寺，汝瓷釉色以天青为主，用玛瑙入釉烧制技术，釉面多开片，胎呈灰黑色，胎骨较薄。

官窑

官瓷是北宋末年宋徽宗时代的宫廷御瓷，官窑瓷器主要为素面，既无华美的雕饰，又无艳彩涂绘，最多使用凹凸直棱和弦纹为饰。其胎色铁黑、釉色粉青，“紫口铁足”增添古朴典雅之美。

定窑

定窑是继邢窑而起的白瓷窑场。器型在宋代以碗、盘、瓶、碟、盒和枕为多，胎薄而轻、质坚硬、色洁白、不太透明。定窑由上叠压复烧，口沿多不施釉，称为“芒口”，这是定窑瓷器的特征之一。

哥窑

哥窑属于宋代官办瓷窑，哥窑瓷器常见器物有炉、瓶、碗、盘、洗等，均质地优良，做工精细，全为宫廷用瓷的式样，与民窑瓷器大相径庭。

钧窑

在今河南省禹县，此地唐宋时为钧州所辖而得名。始于唐代，盛于北宋，至元代衰落。以烧制铜红釉为主，还大量生产天蓝、月白等乳浊釉瓷器，至今仍生产各种艺术瓷器。

在宋代，茶除供饮用外，更成为民间玩耍娱乐的工具之一。嗜茶者每相聚，斗试茶艺，称“斗茶”。因此，茶具也有了相应变化。斗茶者为显出茶色的鲜白，对黑釉盏特别喜爱，其中建窑出产的兔毫盏更被视为珍品。

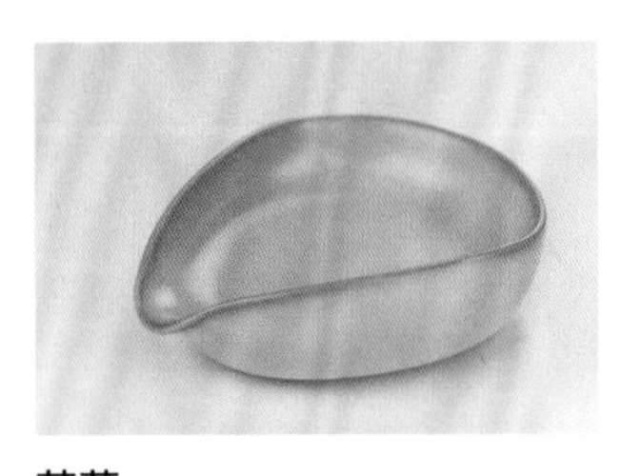

茶荷

茶杯

茶杯

品种纷繁

到元代，散茶逐渐取代团茶的地位。此时绿茶的制造只经适当揉捻，不用捣碎碾磨，保存了茶的色、香、味。至明朝时，叶茶全面发展，在蒸青绿茶基础上又发明了晒青绿茶及炒青绿茶。茶具亦因制茶、饮茶方法的改进而发展，出现了一种鼓腹、有管状流和把手或提梁的茶壶。

明代紫砂壶具应运而生，并一跃成为“茶具之首”。究其原因大致因为紫砂壶造型古朴别致，经长年使用光泽如古玉，又能留得茶香，夏茶汤不易馊，冬茶汤不易凉。令人爱不释手的是壶上的字画，最有名的是清嘉庆年间著名的金石家、书画家、清代八大家之一的陈曼生，把我国传统绘画、书法、金石篆刻等艺术相融合于茶具上，创制了“曼生十八式”，成为茶具史上的一段佳话。

清代，我国六大茶类即绿茶、红茶、白茶、黄茶、乌龙茶及黑茶都开始建立各自的地位。宜兴的紫砂壶、景德镇的五彩、珐琅彩及粉彩瓷茶具的烧制迅速发展，在造型及装饰技巧上，也达到了精妙的艺术境界。清代除沿用茶壶、茶杯外，常使用盖碗。茶具登堂入室，成为一种雅玩，其文化品位大大提高。

直到今天，我国的茶具已是品种纷繁，琳琅满目。

百变材质皆入茶

器为茶之父，好的茶具能够完美衬托出茶的色香味形。茶具的种类、样式繁多，其中茶壶和茶杯以紫砂、瓷质的为主，还有金属、搪瓷、玻璃等多种材质。

紫砂茶具

紫砂茶具是茶人最爱的一类茶具，紫砂壶既不夺茶之香气又无熟汤气，有养茶之功效，是其他任何一种茶具都无法比拟的。紫砂壶发展到现在，已经远远超过其泡茶的简单功效，独特的造型、精美的纹饰，加上制壶工匠本身的名气，使得紫砂壶成为茶人甚至收藏家热衷的一种收藏品。

瓷质茶具

瓷质茶具是应用最广泛的茶具，甚至可与玉媲美，根据胎质的颜色不同可分白瓷、青瓷、黑瓷等，其中白瓷最为常见。

白瓷，早在唐代就有“假玉器”之称。质薄光润，白里泛青，雅致悦目，并有影青刻花、印花和褐色点彩装饰。白瓷以江西景德镇最为著名，湖南醴陵、河北唐山、安徽祁门的白瓷茶具等也各具特色。白瓷茶具是现在最常用的瓷制茶具。

金属茶具

金属茶具是指由金、银、铜、铁、锡等金属材料制作而成的器具。在古代金属一般都比较昂贵，所以金属茶具虽一度受富贵人家推崇，但金属茶具并不实用。明朝张谦德所著《茶经》，就把瓷茶壶列为上等，金、银壶列为次等，铜、锡壶则属下等，为斗茶行家所不屑采用。到了现在，金属茶具一般就是用来做盛放茶叶的茶叶罐了，其中锡罐最受欢迎。

玻璃茶具

玻璃茶具泡茶，茶汤的鲜艳色泽，茶叶的细嫩柔软，茶叶在整个冲泡过程中上下窜动，叶片的逐渐舒展等，可以一览无余，可说是一种动态的艺术欣赏。特别是冲泡各类名茶，茶具晶莹剔透，杯中轻雾缥缈，澄清碧绿，芽叶朵朵，亭亭玉立，观之赏心悦目，别有风趣。

不仅如此，玻璃茶具还可以用来欣赏茶汤，比如泡普洱茶很多人就喜欢用玻璃壶，宝石般红色的茶汤可以一览无遗。

竹木茶具

竹木茶具，本来是农村尤其是茶区人为了省事、节约制作的，现在反而越来越被茶人所喜爱。

漆器茶具

采割天然漆树汁液进行炼制，掺进所需色料，制成绚丽夺目的器件，漆器茶具较有名的有北京雕漆茶具、福州脱胎茶具、江西鄱阳等地生产的脱胎漆器等，均具有独特的艺术魅力。

脱胎漆茶具除有实用价值外，还有很高的艺术欣赏价值，常为鉴赏家所收藏。

搪瓷茶具

搪瓷茶具以坚固耐用，图案清新，轻便耐腐蚀而著称。它起源于古代埃及，后传入欧洲。明代景泰年间，我国创制了珐琅镶嵌工艺品景泰蓝茶具。搪瓷茶具传热快，易烫手，放在茶几上，会烫坏桌面，加之“身价”较低，所以，使用时受到一定限制，一般不作待客之用。

选好器，泡好茶

喝茶图的是好心情，茶具也就应该赏心悦目。认真选择和购买茶具，悉心泡上一壶好茶，是对自己的犒赏，也是对生活的尊重。

因地制宜选茶具

中国地域辽阔，各地的饮茶习俗不同，对茶具的要求也不一样。长江以北一带，大多喜爱选用有盖瓷杯冲泡花茶，以保持花香，或者用大瓷壶泡茶，尔后将茶汤倾入茶盅饮用。在长江三角洲沪、杭、宁和华北、京、津等一些大中城市，人们爱好品细嫩名优茶，既要闻其香、啜其味，还要观其色、赏其形；因此，特别喜欢用玻璃杯或白瓷杯泡茶。福建及广东潮州、汕头一带，习惯于用小杯啜乌龙茶，故选用“烹茶四宝”——玉书(石畏)、潮汕炉、孟臣罐、若琛瓯泡茶。

因茶制宜选茶具

茶道有很多的讲究，但是形在外，器具是相当重要的，合适的器具可以让茶各归各位。比如绿茶，可用瓷器茶杯或玻璃杯冲泡；乌龙茶则重在“啜”，宜用紫砂茶具冲泡后，用小茶杯饮用；也可选用暖色瓷茶具冲泡，以沸水冲泡后加盖，可保留浓郁的茶香。高档红茶，可放入到装饰艳丽的茶具中冲泡。红碎茶，宜用高玻璃杯冲泡，使红艳的茶汤更加诱人；也可以用茶壶冲泡后，用咖啡杯饮用；饮用时可随意加糖或奶，类似饮用咖啡，别有一番“洋”味。茉莉花茶，可采用盖碗茶的形式冲泡饮用。

围绕着茶的取用、茶的冲泡、茶水的盛放以及品饮等，有着五花八门的茶具。比如一套正规的功夫茶具，需要十多件不同的器物，它们包括茶罐、茶壶、茶船、茶海、茶杯、闻香杯、杯托、茶匙、茶荷、茶针、滤杯、茶巾、水盂等，这些物件都是小而精巧的。

茶具分冷暖

选择茶具，除了注重器具的质地之外，还应注意外观的颜色。只有将茶具的功能、质地、色泽三者统一协调，才能选配出完美的茶具。

茶具的色泽主要指制作材料的颜色和装饰图案花纹的颜色，通常可分为冷色调与暖色调两类。冷色调包括蓝、绿、青、白、黑等色，暖色调包括黄、橙、红、棕等色。茶具色泽的选择主要是外观颜色的选择搭配，其原则是要与茶叶相配，茶具内壁以白色为好，能真实反映茶汤色泽与明亮度。同时，应注意一套茶具中壶、盅、杯等的色彩搭配，再辅以茶盘、杯托、盖置，做到浑然一体。如以主茶具色泽为基准配以辅助用品，则更是天衣无缝。

各类茶适宜选配的茶具

不同的茶类，对茶具的要求各不相同，特别是一些特种茶类，需要特别的茶具，才能酝酿出其品质特色，领略到其独有的风韵。

绿茶：透明玻璃杯，或用白瓷、青瓷、青花瓷茶具。

乌龙茶、黑茶：紫砂茶具，或白瓷茶具。

红茶：紫砂、白瓷、红釉瓷、暖色瓷的茶具或咖啡壶具。

花茶：青瓷、青花茶具。

黄茶：奶白或黄釉瓷及黄橙色茶具。

白茶：白瓷及内壁有色黑瓷茶具。

选择自己中意的茶具

选择茶具时以自己中意为佳，不必过于讲究看重价格，而应该重实用，茶具要适合茶，更要适合泡茶的人。对于天天要沏茶品饮的人来说，茶具在别人眼里是好是差并不重要，自己舒适比什么都强。若是作为收藏品，就另当别论了。

入门必备茶具

煮水器

绝大多数功夫茶要求沸水，即使是绿茶等不需要沸水冲泡的茶叶，也需要控制好温度，而传统的暖水瓶或其他煮水工具都满足不了需要，所以煮水器便成了泡茶时必不可少的工具。煮水器还有个特别形象的名字——随手泡。

材质

在古代，泡茶烧水都是用风炉或者炭炉，现在风炉已经绝迹了。在现代，最常见的是电磁煮水器，壶有不锈钢、铁、陶、耐高温的玻璃等质地，热源则有电热炉、电磁炉、酒精加热炉、炭炉等。

使用

1. 新壶尤其是陶壶和铁壶买回后，应加水煮开，最好在水中放些茶叶，以除去新壶中的土味及异味。
2. 铁壶还可以和电磁炉搭配使用。
3. 当在野外泡茶用电烧水不方便时，可考虑生炭火，用陶壶或者铁壶煮水即可。

茶罐

再好的茶，如果存放不当，也很快会散失茶本来的香味。所以，行业内有“新手看壶，茶人看罐”的说法，意思是当你的目光已经从茶壶、茶杯这些醒目的东西扩展到注意茶叶的保存的细节，说明你已经开始慢慢变成真正的茶人了。

材质

茶罐的质地与形式多种多样，常见的有陶罐、瓷罐、铁罐、纸罐、塑料罐、搪瓷罐以及锡罐。瓷质的茶罐多为茶具配套的，有较强的观赏价值；锡制的茶罐则多为单品，工艺价值较高，价钱也比较昂贵；铁质和纸制的则大多是批量包装时所用的，价钱相对便宜。

可根据不同的茶叶选择不同材质的茶罐，比如存放铁观音或茉莉花茶等香味重的茶宜选用锡罐、瓷罐等不吸味的茶罐，而存放普洱则最好选用透气性好的纸罐、陶罐等。

使用

1. 购买多种茶类时，应该分别用不同的茶罐装置。可在茶罐上贴张纸条，上面写明茶名、购买日期等，这样方便使用。

2. 新买的罐子，或原先存放过其他物品留有气味的罐子，可先用少许茶末置于罐内，盖上盖子，上下左右摇晃轻擦罐壁后倒弃，以去除异味。

3. 用陶瓷茶罐贮存茶叶，以口小腹大者为宜。

茶壶

称茶壶为茶具之王，一点也不为过，因为在茶具中最重要也最显赫的便是茶壶了。

材质

茶壶的种类有陶壶、瓷壶、玻璃壶、石壶及铁壶等。其中紫砂壶最受欢迎，能完美保留茶的色香味，多用于冲泡乌龙茶；瓷壶多用于简单一点的待客，适用于所有茶类；玻璃壶透明，最宜花茶。壶的容量一般没有明确的限制，通常情况下，紫砂壶的容量较小，适宜功夫茶的细品；另外几种容量较大，适宜日常待客。

使用

1. 茶壶最讲究的是："三山齐"，这是品评壶的好坏最重要标准。方法是把茶壶去盖后倒置在桌子上，如果壶滴嘴、壶口、壶提柄三件都平，就是"三山齐"了。

2. 标准的持壶动作：拇指和中指捏住壶柄，向上用力提壶，食指轻搭在壶盖上，不要按住气孔，无名指向前抵住壶柄，小指收好。

双手持壶动作：即一手的中指抵住壶纽，另一手的拇指、食指、中指，握住壶柄，双手配合。对于新手来说，可采用这种方法。

3. 无论哪种持壶方式都要注意，不要按住壶纽顶上的气孔。

4. 在泡茶过程中，壶的出水嘴不要直接对着客人。

茶杯

茶杯是茶道中不可或缺的茶具之一，更赋予了品茗时的美感与趣味。用大杯喝茶，过瘾；用小杯品饮，杯底茶香留存，沁鼻入心。

材质

茶杯有瓷、陶、紫砂、玻璃等质地，款式有斗笠形、半圆形、碗形等，其中碗形的最为常见。选择茶杯时首先要和壶搭配，根据茶壶的形状、色泽，选择适当的茶杯，搭配起来颇具美感。喝不同的茶可选用不同的茶杯，比如用紫砂壶泡茶最好搭配紫砂杯，如果用白瓷杯或玻璃杯，却总不如紫砂杯看起来和谐；而为便于欣赏普洱茶茶汤颜色，最好选用杯子内面是白色或浅色的品茗杯。

使用

1. 品茶时，用拇指和食指捏住杯身，中指托杯底，无名指和小指收好，持杯品茶。

2. 有的品茗杯是杯和杯托搭配使用，有的只有一个单杯。

3. 外翻形的杯口比直桶形的杯口容易拿取，而且不烫手。

Tips：

瓷质茶杯中，以江西景德镇瓷茶具泡茶最好。景德镇所产的各种茶具，有“白如玉、薄如纸、明如镜、声如磬”的特点，为世界所称誉。景德镇瓷茶具，花色品种较多，有制作精细、造型秀丽的高级茶具，也有造型一般、美观大方的大众化茶具，用其冲泡出来的茶汤，有香浓、汤清、味醇的特点，别有一番风味。

盖碗

茶和文化是分不开，一些茶具当中也蕴含着中国哲学的智慧，盖碗就是其中之一。盖碗又称三才杯，茶盖在上，谓之“天”；茶托在下，谓之“地”；碗居中，谓之“人”。天人合一的智慧就蕴含在这小小的盖碗之中。

材质

现在用的盖碗多为瓷制，也有玻璃和紫砂盖碗。一般泡茶用瓷盖碗比较多，瓷盖碗多使用各种花色，如青花、仿清宫黄色盖碗等。选择盖碗时应注意盖碗杯口的外翻，外翻弧度越大越容易拿取，冲泡时不易烫手。

使用

1. 温盖碗：左手持杯身中下部，右手按住杯盖，逆时针方向将杯旋转一周。再掀开杯盖，让温杯的水顺着杯盖流入水盂或茶盘，同时右手转动杯盖温烫。

2. 用盖碗品茶时，杯盖、杯身、杯托三者不能分开使用，否则既不礼貌也不美观。

3. 饮用时，先用盖撩拨漂浮在茶汤中的茶叶，再饮用。

公道杯

公道杯也称茶海、茶盅。茶壶中冲泡出来的茶，上下浓淡不一，而且还可能有一点茶渣，这样不能让每个客人都喝到一样的茶，所以就先把茶汤倒进公道杯里，再分给客人，这样每只茶杯分到的茶水一样多，以示一视同仁，故称公道杯。

材质

常用的公道杯有瓷、紫砂、玻璃质地，其中瓷、玻璃质地的公道杯最为常用。有些公道杯有杯柄，有些则没有，还有带过滤网的公道杯，但大多数的公道杯都不带过滤网。

在茶艺或功夫茶过程中，公道杯、茶杯、茶壶是三大主角，所以选择公道杯的时候要注意跟茶壶和茶杯匹配。一般来说，公道杯应该稍大于壶和盖碗。

使用

1. 泡茶时，为了避免茶叶长时间浸在水里，致使茶汤太苦太浓，应将泡好的茶汤马上倒入公道杯内。

2. 茶汤倒进公道杯后，等几秒钟让茶汤静止，然后按从左到右，然后再从右到左的顺序把公道杯里的茶分到茶杯里，这样可以保证每个茶杯里的茶汤浓度基本一致。

3. 用公道杯往品茗杯分茶时，每个品茗杯斟七分满为宜，不可过满。

茶盘

如果说泡茶是一场精彩的演出，我们的目光往往关注在演员的表演上，茶壶、茶杯、盖碗等“明星”纷纷登场，但是不要忽略舞台上的一个重要“背景”，少了它，再好的戏也出不来——这个重要的背景就是茶盘。

材质

茶盘式样可大可小，形状可方可圆或作扇形；可以是单层也可以是夹层，夹层用以盛废水，可以是抽屉式的，也可以是嵌入式。茶盘选材广泛，金、木、竹、陶皆可取。以金属茶盘最为简便耐用，以竹制茶盘最为清雅相宜。此外还有檀木的茶盘，例如绿檀、黑檀茶盘等。

使用

1. 单层茶盘使用时，需在茶盘下角的金属管上，连接一根塑料管，塑料管的另一端则放在废茶桶里，排出盘面废水。

2. 夹层茶盘也叫双层茶盘，上层有带孔、格的排水结构，下层有贮水器，泡茶的废水存放至此。但因为茶盘的容积有限，使用时要及时清理，以免沸水溢出。

3. 端茶盘时一定要将盘上的壶、杯、公道杯拿下，以免失手打破放在上面的心爱茶具。

4. 木制、竹制的茶盘使用完毕后不要直接用水洗，用干布擦拭即可。

木茶盘

竹茶盘

茶盘及周围茶具规范摆放示意图

茶盘置于茶桌上，规则茶桌则置于靠近泡茶者的正中心位置，品茶者坐于对面，然后是两侧。不规则的茶桌茶盘只需正对泡茶者即可。

根据泡茶的需要，茶盘上可能会放不同种类的茶具，总体的原则是，冲泡、品饮的茶具放在茶盘上，干茶及其他茶具放在茶盘周围的桌面上，以安全、方便取用为原则。

Tips：

取放茶道六用时，不可手持或触摸到用具接触茶的部位，茶道六用的作用是为了泡茶更方便，不是必须每次泡茶都要用。

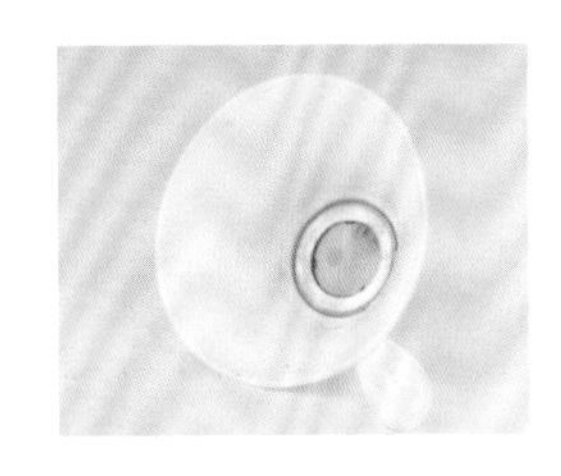

过滤网

又名茶漏、滤网，别看它小，在泡茶中发挥的作用可一点也不小。

材质

现在的过滤网以不锈钢的为主，还有瓷、陶、竹、木、葫芦瓢等质地；过滤网壁由不锈钢细网、棉线网、纤维网罩等网面组成。

使用

1. 有些过滤网有柄，泡茶时要注意与公道杯的杯柄平行。

2. 泡茶后，用过的过滤网应及时清洗。

滤网架

滤网架本来的作用只是摆放过滤网，但现在被做成了各种各样的形状，材质也五花八门，观赏性很强。

材质

滤网架的款式品种繁多，有漏斗状、动物形状、人手形状等不同形态，摆放在茶桌上比较有装饰效果。滤网架的材质有瓷、不锈钢、铁等质地，铁质的滤网架容易生锈，最好选择瓷、不锈钢质地的滤网架。

使用

1. 如果选择铁质的滤网架，用完要及时清洗、擦干，不宜长时间浸泡在水中。

2. 没有滤网架时可以取用小盘或者盖置摆放滤网。

茶道六君子

茶筒和放在茶筒里的茶夹、茶漏、茶匙、茶则、茶针，称为茶道六用，因为其“不争”的品性，又称为茶道六君子。茶道六用是泡茶时的辅助用具，为整个泡茶过程雅观、讲究提供方便。

材质

茶道六君子材质通常为竹或者木，竹制品气质清雅，木制品质感纯然，与茶香墨香相得益彰。选购时，要看好竹木的纹理，不要有裂纹。选择茶道六用时可凭个人喜好，瓶形的茶筒雅致、方形的古朴大方，最好能和其他茶具相映成趣，也增添了泡茶时的雅趣。

使用

茶针：疏通壶嘴堵塞。

茶夹：温杯以及需要给别人取茶杯时夹取品茗杯。

茶匙：从茶荷或茶罐中拨取茶叶。

茶则：从茶罐中量取干茶。

茶漏：放茶叶时放置壶口，扩大壶口面积防止茶叶溢出。

茶筒：盛放茶夹、茶漏、茶匙、茶则、茶针。

茶漏

茶则

Tips：

取放茶道六用时，不可手持或触摸到用具接触茶的部位，茶道六用的作用是为了泡茶更方便，不是必须每次泡茶都要用上。

茶筒

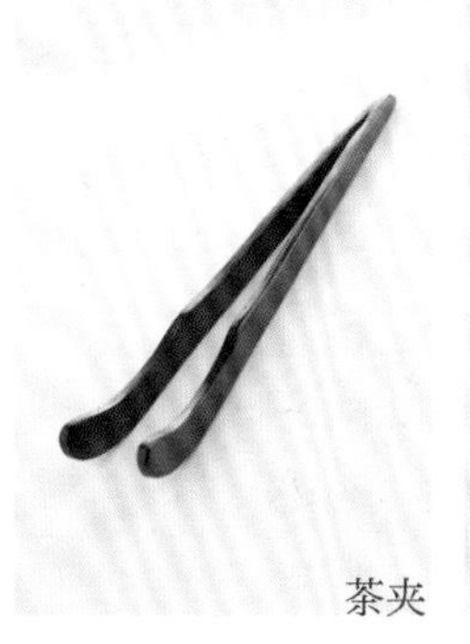
茶夹

茶匙

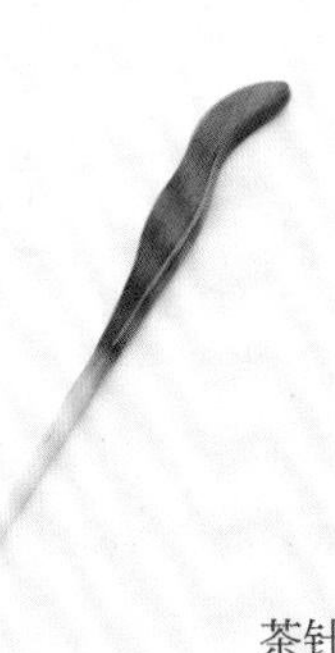
茶针

茶荷

茶荷的功用与茶则类似，为暂时盛放从茶罐里取出的干茶之用具，但茶荷更兼具赏茶功能，茶艺表演中用来欣赏干茶。

材质

茶荷以瓷质为主，也有竹、木、石、玉等多种材质，观赏性很强，本身就是一种艺术品。茶荷有多种形状，最多的还是有一个较细的开口，方便向茶壶中倒茶叶。

使用

1. 标准拿茶荷姿势：拇指和其余四指分别捏住茶荷两侧部位，将茶荷放在虎口处，另外一手托住底部，请客人赏茶。
2. 拿取茶叶时，手不能与茶荷的缺口部位直接接触。
3. 泡茶时，茶荷最好摆放在茶盘旁边的茶桌上。
4. 如果没有茶荷，可以用其他干净的小开口容器代替茶荷使用，如小托碟等。

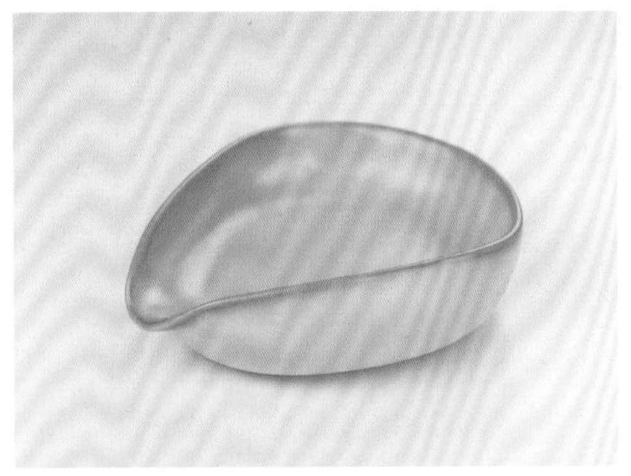

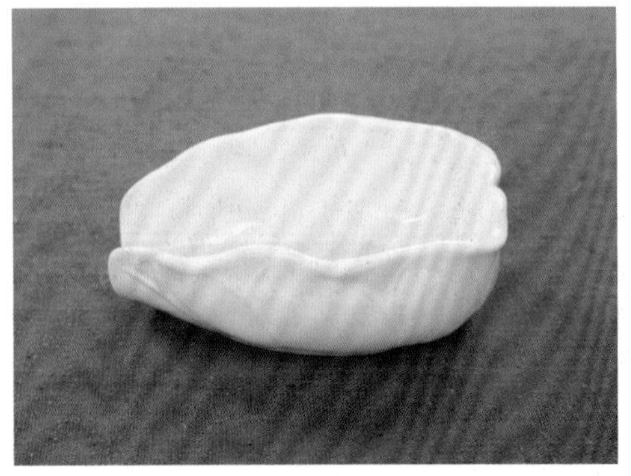

闻香杯

闻香杯比品茗杯细长，是冲泡乌龙茶特有的茶具，多在冲泡高香的乌龙茶时使用，是用来嗅闻杯底留香的器具。

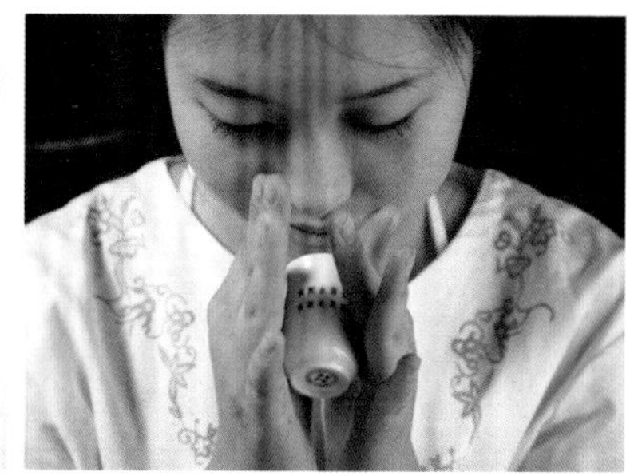

材质

以瓷器质地的为主，也有内施白釉的紫砂、陶制的闻香杯。与品茗杯配套，质地相同，加一茶托则为一套闻香组杯。闻香杯一般选用瓷的比较好，因为用紫砂的话，香气会被吸附在紫砂里面，影响闻香的效果。

使用

1. 闻香：将闻香杯的茶汤倒入品茗杯后，双手持闻香杯闻香，或双手搓动闻香杯闻香。

2. 闻香杯通常与品茗杯、杯托一起使用，几乎不单独使用。但有的茶具店会把单件的闻香杯放在茶桌上，起装饰效果。

杯托

又名杯垫，用来放置茶杯、闻香杯，以防杯里或底部的水溅湿桌子。还可以预防杯具磨损。

材质

杯托种类很多，主要有瓷、紫砂、陶等质地，也有木、竹等质地。杯垫可与品茗杯配套使用，也可随意搭配。

使用

使用后的杯垫要及时清洗，如果使用木制或者竹制的杯托，还应通风晾干。

壶承

壶承是专门放置茶壶的器具。可以承接壶里溅出的水，让茶桌保持干净。

材质

壶承有紫砂、陶、瓷等材质，与相同材质的壶配套使用，也可随意组合。壶承有单层和双层两种，多数为圆形或增加了一些装饰变化的圆形。

使用

将紫砂壶放在壶承上时，最好在壶承的上面放个布垫子，彼此不会磨坏。

盖置

盖置又名盖托，顾名思义就是泡茶过程中，用来放置壶盖的器具，可以防止壶盖直接与茶桌接触，减少壶盖磨损的茶具。

材质

盖置款式多种多样，有高些的紫砂木桩形、小莲花台、瓷制小盘等造型。

使用

1. 盖置使用过后应立即洗净，否则容易留下明显的茶渍。
2. 使用较好的紫砂壶时，如果没有盖置，可以将壶盖倒放或者放在软一点的杯托上。

茶巾

又称为茶布。用来擦拭泡茶过程中茶具上的水渍、茶渍，尤其是茶壶、品茗杯等的侧部、底部的水渍和茶渍。

材质

茶巾主要有棉、麻布等质地。挑选茶巾，要选择吸水性好的棉、麻等布艺材质的。

使用

1. 置于茶盘与泡茶者之间的案上。

2. 折叠茶巾的方法一：首先将茶巾等分三段，先后向内对折；再等分三段重复以上过程。方法二：将茶巾等分四段分别向内对折；再等分四段，重复以上过程。茶巾有缝隙的一面朝向冲泡者位置。

3. 在喝功夫茶时，需用茶巾频频揩抹茶壶，以免壶身或者壶底的水滴入杯中。

4. 茶巾只能擦拭茶具，而且是擦拭茶具饮茶、出茶汤以外的部位，不能用来清理泡茶桌上的水、污渍、果皮等物。

5. 茶巾新沾上的茶渍，如果立即清洗，用热水洗涤便可除去。如果是旧茶渍，可用盐水浸洗。

废水桶

泡茶过程中，用一根塑料导管把水从茶盘里导出，用来贮放废水、茶渣的器具。

材质

废水桶有竹、木、塑料、不锈钢等材质。

使用

1. 废水桶的上层是带孔的“筛漏”，用来隔离茶渣。“筛漏”层还有一圆柱形管口，可以连接导管，使废水流入桶里。

2. 要注意清理废水桶里的废水，以免遗留茶渍。

水盂

又名茶盂，废水盂。用来贮放泡茶过程中的沸水、茶渣。功用相当于废水桶、茶盘。

材质

水盂有瓷、陶等质地。

使用

1. 如果没有茶盘和废水桶，使用水盂来承接沸水和茶渣，简单又方便。

2. 水盂容积小，因此要及时清理废水。

茶玩

又名茶宠，就是为了给泡茶增添乐趣，用来装点和美化茶桌，是很多爱茶人士必备的爱物。

材质

茶玩多数以紫砂陶制作，造型千姿百态，有动物的，如小猪、小狗、兔子；也有人物的，如弥勒佛、童子；还有一些吉祥神兽类的，如貔貅、麒麟等。根据个人的喜好，可以选择不同的茶玩。泡茶、品茶时，和茶桌上的茶玩一起“分享”甘醇的茶汤，别有一番情趣。

使用

1. 茶玩一般选择形制适中的，不要太大，因为还要考虑让它身体的大部分起到蓄水存水的功能。

2. 不同泥料的紫砂茶玩应该用不同的茶来泡养，如段泥适合用绿茶，紫泥适合用普洱茶等。一个茶玩不能用不同的茶水混着养，一定要一种茶水养一个茶玩，坚持这么做，养出来的茶宠肯定会更漂亮。

3. 养茶玩的过程中，只需用茶水浇濯，不要用清水。这样才会摸上去有温润顺滑的手感。

壶中的乾坤

相信不少人会有这样的疑问：宜兴紫砂壶到底具备什么样的魅力，能够自明迄今，不论朝代更迭或是社会变迁，它都能独领风骚?

爱茶人的首选

宜兴的紫砂壶之所以受到茶人的喜爱，一方面是由于其造型美观、风格多样；另一方面也由于它在泡茶时的许多优点。

壶衬茶，茶养壶

紫砂壶嘴小、盖严，壶的内壁较粗糙，能有效地防止香气过早散失。长久使用的紫砂茶壶，内壁挂上一层棕红色茶锈，使用时间越长，茶锈积在内壁上越多，故冲泡茶叶后茶汤越加醇郁芳馨。长期使用的紫砂茶壶，即使不放茶，只倒入开水，仍茶香诱人，这是一般茶具所做不到的。

紫砂壶不仅可以蕴茶香，反之，茶汤又可以养壶。经过长时间的使用，紫砂壶不断吸收茶汁，泡出来的茶会越来越香，紫砂壶本身的色泽也会越来越润泽光亮。所以，对于上品的紫砂壶，最好只冲泡同一种或同一类的茶，不同类的茶味混合，反而不美。

孕育茶香

紫砂土独特的双球结构使做出来的紫砂壶具有良好的透气性，用来泡茶，既不夺茶香，又没有熟汤，使茶汤可以长久地保持原味。一般的壶，茶汤存放超过一天就会变质发酸，而紫砂壶里的茶汤，放上两天，依然芳香依旧。

可赏可用

紫砂泥色多彩，且多不上釉，透过历代艺人的巧手妙思，便能变幻出种种缤纷斑斓的色泽、纹饰来，加深了它的艺术性。

紫砂泥的可塑性高，虽不利于灌浆成型，但其成型技法变化万千，不像手拉坯等轮转成型法，只限于同心圆范围，所以紫砂器在造型上的品种之多，堪称举世第一。

紫砂茶具透过茶，与文人雅士结缘，吸引到许多画家、诗人在壶身题诗、作画，寓情写意，此举使得紫砂器的艺术性与人文性，得到进一步提升。又因紫砂壶兼备实用价值与艺术价值，紫砂壶的经济价值自然也提高了，使得制陶人能更致力于创新。

保温时长

紫砂壶泡茶，保温时间长。由于壶壁内部存在着许多小气泡，气泡里又充满着不流动的空气，而空气是热的不良导体，故紫砂壶有较好的保温性能。

经久耐用

紫砂壶长久使用，器身会因抚摸擦拭，变得越发光润可爱，气韵温雅。

紫砂壶虽小，却能装下很大的心事。泡上一壶茶，用壶嘴轻轻地磕着牙齿，仿佛按下了开关，思绪会瞬间飞升。喜怒哀乐、悲欢离合、世事变迁，早被吸入了这个小洞府，只剩得一颗淡定从容的心。

好茶爱紫砂

紫砂壶的壶型不同，适合泡茶的品种也不同，最常见的紫砂壶又称为标准罐，是一种圆形壶。

圆形壶泡乌龙

乌龙茶的茶叶一般膨起，而且多呈卷球状，圆形壶提供了足够的空间，可以让卷球状的茶叶完全舒展。圆形壶泡乌龙注水之后，圆形的内壁可以让水在茶壶里顺流而转，更能温润地将水与茶叶紧密结合，有利发茶。

圆形壶

扁形壶泡条形茶

扁形紫砂壶适合泡条索状的武夷岩茶。将茶放入扁形壶，可以沉稳地沉在壶里，安心地释放出所有的香气。倒水的时候，由于扁形壶壶壁较宽，水流有了自然的缓冲，加之壶内空间狭小，茶叶更容易浸润在水里，正好给了武夷岩茶发挥精华的所在。

扁形壶

方形壶美观大于实用

方形紫砂壶制造工序相对来讲比较复杂，片与片相接时操作难失败率高，最关键的是泥料要练得极为匀称。用方形紫砂壶来泡普洱熟茶，能使普洱的陈味尽出，十分合适。

方形壶

茶不同，壶相异

泡乌龙的茶壶，不宜再泡普洱；泡铁观音的壶不宜再来泡文山包种……即使同是乌龙茶，因品种的不同最好也用不同的茶壶。一般来说，只要茶品的浓淡不同，或香味各异，则最好用不同的茶壶。茶馆、茶铺等茶所，基本都是一茶一壶。

家庭用壶，两把足矣

虽然茶不同，壶相异，但是个人饮茶，一般只偏好一种或数种。所以，一般从养壶和焙茶的思路来考虑，两把壶就足够了。如果以收藏为乐，当然是越多越精越好。

千奇百怪的造型

紫砂壶造型千姿百态，“方非一式，圆无一相”，可说是一座壶艺造型的艺术宝库。但仔细品来，还是有规则的。

几何形体

几何形体造型

讲究壶身的立面线条和平面形态的变化，以及形体各部位间的比例关系，可分为圆器和方器两种。圆器是由各种不同方向和曲度的曲线构成，其“圆、稳、匀、正”的造型要求，显示一种活泼柔顺的美感。方器主要由长短不同的直线组成。其造型常以线面挺括平整，有棱有角，给人以干净利落、明快挺秀的阳刚之美的感受。

自然形体

自然形体造型

自然形体造型取材于自然界的瓜果花木、虫鱼鸟兽的形态。这类器型在紫砂壶造型中占有很高的比例，是深受大众喜爱的壶型，其多寓意吉祥，象征美好。代表作有：南瓜、岁寒三友、竹段、供春、梅桩等。

筋纹形体

筋纹形体造型

筋纹形体造型是将自然界中的瓜棱、花瓣、云水纹等形态，予以艺术化规范化，形成流畅自然的筋纹，纳入紫砂壶的造型结构中，使紫砂壶具有一种秩序井然，韵律鲜明的美。

水平壶

水平壶造型

水平壶是紫砂茶壶小品的统称，是我国广东、福建一带，喝“功夫茶”的茶具，在东南亚一些国家，如印度尼西亚、菲律宾、新加坡、马来西亚的华人中也广泛使用。

慧眼挑好壶

紫砂壶既是一种功能性的实用品，又是可以把玩、欣赏的艺术品。所以，一把好的紫砂壶应在实用性、工艺性和艺术性三方面获得极高的肯定。在选购紫砂壶时，不妨就以下几点加以斟酌：

实用性

实用功能是指紫砂壶的容积和容量，壶把便于端拿，壶嘴出水的流畅，让品茗沏茶得心应手。不论哪种款式的紫砂壶，其壶嘴、壶把、壶盖都要配置和谐、匀称舒展。盖口要紧密通转，平正妥贴。检验的方法是用手指沿盖子的边缘轻击，发出磕碰声的就是盖或口不够平正；抓牢壶把旋转壶盖，看看能否通转，如果感到时紧时松，说明把口或盖口不圆。

此外，要检查壶盖上的通气孔是否通畅，嘴管内的通水网眼是否堵塞，放在桌子上看是否平稳。用手掌抚摸全壶，触觉是否舒服。

工艺性

一把好的紫砂壶，除了壶的流、把、纽、盖、肩、腹、圈足，应与壶身整体比例协调，点、线、面的过渡转折也应清晰与流畅。另外，还需审视其“泥、形、款、功”四方面的水准，上乘的紫砂泥应具有“色不艳、质不腻”的显著特性。所以，选购紫砂壶应就紫砂泥的品质加以考察。

艺术性

好的紫砂壶，除了讲究器形的完美与制作工艺的精湛，还要审视纹样、装饰的取材以及制作的手法。一把紫砂壶佳作，除了它的形态美外，要达到形神兼备，气质要好，有了内在气质，才可久玩不厌，越用越有通灵之感。

养壶亦养心

紫砂壶是养胃、养心的茶具，它的透气性和发茶性决定了它比瓷壶或其他壶更需要精心的养护。养壶，心急不得，所以要先养心。你对它的态度与方式正确了，它会不辱使命，为你奉上一泡好茶；而你不小心疏忽了，没有照顾好，它也能破坏了你的雅兴。

新壶去土味

一般质量好的紫砂壶并没有什么土味，但是仍需要先用温水洗壶，然后注入沸水，1 分钟后倒出热水倒入冷水，如此反复，让新壶享受充分地“呼吸”，完全激活新壶的透气性。

内外兼修养好壶

养壶有外养与内养之说，只有内修外养，才能养出好壶。外养就是要勤泡茶、勤擦拭。内养的关键是一壶不事二茶，因为紫砂壶有特殊的气孔结构，善于吸收茶汤，一把不事二茶的茶壶冲泡出来的茶汤才能保持原汁原味。

饮后洁壶

喝完茶，要倒净壶中的茶汤和茶叶，用软毛刷清理后，再倒一遍热水，用茶巾擦干净壶内外残留的茶汤，待壶表面水分晾干后收起来。

手润壶

洗干净手，泡好一壶茶，用茶巾擦干，然后一边用手把玩，一边直接用壶品茶。平日不喝茶的时候也可以把玩紫砂壶，天长日久，手上的油脂就会浸润在紫砂壶的陶土中，壶身看起来就更加圆润、有光泽。

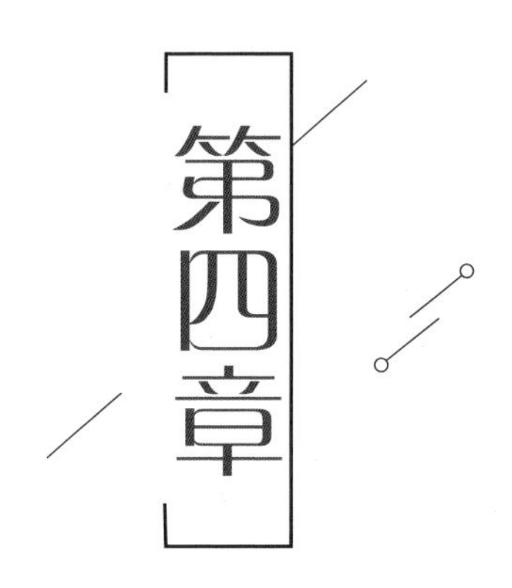

泡茶品茗

在心情烦躁、身心疲惫的时候泡一杯茶，慢慢地看着茶叶在水中舒展枝叶，看着黄色的花瓣染透整杯的水。茶香弥漫开来，而岁月和心情就浓缩在茶叶的纹理和淡香里，在茶花茶叶或晶莹鲜翠或朦胧陈红中，忘记了烦恼。

聚水凝香

水之于茶，自古就有“水为茶之母”之说。不管什么茶，如若遇不上好水，就如琴瑟琵琶，虽有妙音，如无妙指，终不能发一样。

古人观水

古人对泡茶用水，有诸多讲究，《茶经》中指出：“其水，用山水上，江水中，井水下”。宋徽宗在《大观茶论》中提出：宜茶水品“以清轻甘洁为美”。明人许次纾在《茶疏》中说：“精茗蕴香，借水而发，无水不可论茶也。”下面就来了解一些古人泡茶经常选的水源。

雪水和雨水

雪水和天落水即雨水被古人称之为“天泉”，尤其是雪水更为古人所推崇。唐代白居易的“扫雪煎香茗”，宋代辛弃疾的“细写茶经煮茶雪”，元代谢宗可的“夜扫寒英煮绿尘”，清代曹雪芹的“扫将新雪及时烹”，都是赞美用雪水沏茶的。至于雨水，一般说来只要空气不被污染，与江、河、湖水相比总是相对洁净，是沏茶的好水。

山泉水

山泉水大多出自岩石重叠的山峦。山上植被繁茂，从山岩断层细流汇集而成的山泉，富含二氧化碳和各种对人体有益的微量元素；而经过砂石过滤的泉水，水质清净晶莹，含氯、铁等元素极少，用这种泉水泡茶，能使茶的色、香、味、形得到最大程度发挥。

江水

江水、河水、湖水属地表水，含杂质较多，混浊度较高，一般说来，沏茶难以取得较好的效果。但在远离人烟，又是植被生长繁茂之地，污染物较少，这样的江水、河水、湖水，仍不失为沏茶好水。如浙江桐庐的富春江水、淳安的千岛湖水、绍兴的鉴湖水就是例证。《茶经》中就有描述："其江水，取去人远者。"

井水

井水属地下水，悬浮物含量少，透明度较高。但它又多为浅层地下水，特别是城市井水，易受周围环境污染，用来沏茶，有损茶味。所以，若能汲得活水井的水沏茶，同样也能泡得一杯好茶。《茶经》中说的"井取汲多者"，明代陆树声《煎茶七类》中讲的"井取多汲者，汲多则水活"，说的就是这个意思。

Tips：水之三沸

古人泡茶对水温和现在一样也是特别讲究的，不同的茶要用不同温度的水，那时候没有温度计，茶圣陆羽就把烧水过程中逐渐加热气泡的变化分成三沸："其沸，如鱼目微有声为一沸；缘边如涌泉连珠为二沸；腾波鼓浪为三沸"。意思是当水煮到初沸时，冒出如鱼目一样大小的气泡，稍有微声，为一沸；继而沿着茶壶底边缘像涌泉那样连珠不断往上冒出气泡，为二沸；最后壶水面整个沸腾起来，如波浪翻滚，为三沸。一旦三沸已过，则水就老了，不宜泡茶。

现代用水

生活在现代化的大都市中，即使知道用泉水泡茶好，也不能随手可得。因此矿泉水、纯净水，以及家里的自来水就成了现代人泡茶的主要用水。

矿泉水

在家泡茶使用矿泉水是不错的选择，矿泉水泡茶没有涩味、茶味醇正鲜美。由于矿泉水中含有钙离子、镁离子、重碳酸根离子，与茶叶中的氨基酸发生一定的作用，会使茶色变深，这是正常现象，不影响口味和口感，所含对人体有益的矿物质和微量元素不会改变。有条件的话也可以用离子交换水器，可除去矿泉水中的钙镁离子，泡茶的效果更好。

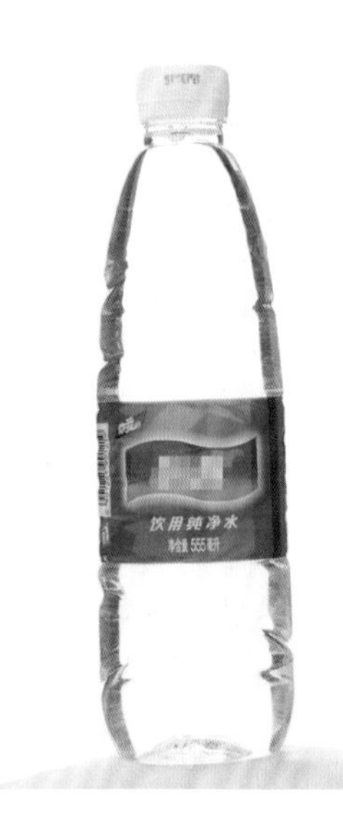

纯净水

纯净水酸碱度中性。用这种水泡茶，不仅因为净度好、透明度高，沏出的茶汤晶莹透彻，而且香气滋味纯正，无异杂味，鲜醇爽口。市面上纯净水品牌很多，大多数都宜泡茶。

自来水

自来水中含有用来消毒的氯离子等，还含有较多的铁质。当水中的铁离子含量超过万分之五时，会使茶汤呈褐色，而氯化物与茶中的多酚类作用，又会使茶汤表面形成一层“锈油”，让茶汤喝起来有苦涩味。

对付自来水中的异味，可将自来水放一晚上，等氯气自然发散，再用来煮，效果就大不一样了。或者在煮水时待水沸腾以后多煮几分钟，也能使异味减小。

科学煮水增茶香

茶要泡得好喝，水温是关键，苏辙在《和子瞻煎茶》有云："相传煎茶只煎水，茶性仍存偏有味。"就说明了水温对泡茶的重要性。

泡茶水温的控制

冲泡不同类型的茶需要不同的水温：

低温（70~80℃）	适合龙井、碧螺春等嫩叶、芽采摘的绿茶以及白茶、黄茶
中温（80~90℃）	适合开面叶采摘的绿茶，如六安瓜片等，也适合采摘嫩叶发酵程度比较轻的乌龙茶，如白毫乌龙等
高温（90~100℃）	也就是要把水煮沸，适合大多数乌龙茶及所有黑茶

水温与茶汤品质的关系

从口感上，茶性表现的差异：如绿茶用太高温的水冲泡，茶汤应有的鲜活感觉会降低；铁观音、水仙如用太低温的水冲泡，香气不扬，应有的阳刚风格表现不出来。

可溶物释出率与释出速度的差异：水温高，释出率与释出速度都会增高，反之则减少。这个因素影响了茶汤浓度的控制，也就是等量的茶、水比例，水温高，达到所需浓度的时间短；水温低，所需时间长。

苦涩味强弱的控制：水温高，苦涩味会加强；水温低，苦涩味会减弱。所以苦涩味太强的茶，可降低水温改善之。苦涩味太强的茶，除水温外，浸泡的时间也要缩短；为达所需的浓度，前者就必须增加茶量；或延长时间，后者就必须增加茶量。

泡茶有道

如果只解决身体对水的需求，抓把茶叶放入开水中就可以了。要满足精神享受的需求，泡茶就需要下些工夫了。有了好的茶叶、好的茶具、好的水源，还要采用合适的冲沏方法，才能泡出好茶。

泡茶基本手法

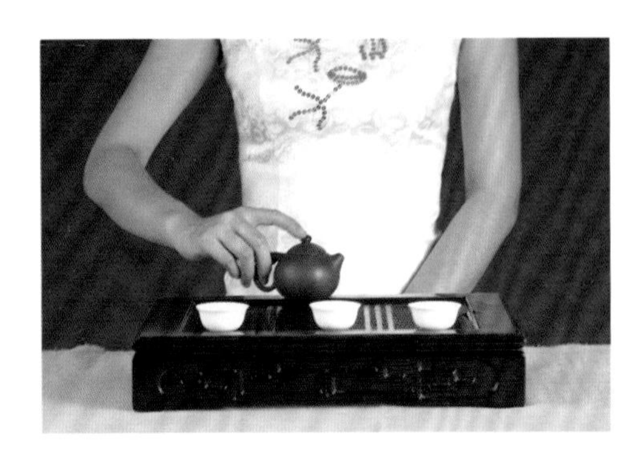

持壶

千万别看一把小小的茶壶，不管你的手有多大力气，茶壶要拿着舒服、不烫手，使用时动作自如，别人看着也舒服，是需要一点技巧的。

标准持壶：拇指和中指捏住壶柄，向上用力提壶，食指轻轻搭在壶盖上，注意不要按住气孔，无名指向前抵住壶柄，小指收好。

双手持壶：刚开始泡茶时，可采用此种方法，一只手的中指抵住壶纽，另一只手的拇指、食指、中指握住壶柄，双手配合。

其他持壶：食指中指钩住壶柄，拇指轻搭在壶纽上，拿稳茶壶。

温壶

· 开盖

左手大拇指、食指与中指按壶盖的壶纽上，揭开壶盖，提腕依半圆形轨迹将其放入茶壶左侧的盖置（或茶盘）中。

· 注水

右手提开水壶，按逆时针方向加回转手腕一圈低斟，使水流沿圆形的茶壶口冲入；然后提腕令开水壶中的水高冲入茶壶；待注水量为茶壶总容量的 1/2 时复压腕低斟，回转手腕一圈并用力令壶流上翻，令开水壶及时断水，轻轻放回原处。

· 加盖

左手完成，将开盖顺序颠倒即可。

· 荡壶

双手取茶巾横覆在左手手指部位，右手三指握茶壶把放在左手茶巾上，双手协调按逆时针方向转动手腕如滚球动作，令茶壶壶身各部分充分接触开水，将冷气涤荡无存。

· 倒水

以正确手法提壶将水倒入水盂。

温杯

泡茶之前要先温杯，根据茶具的不同，温杯的方式也不一样。

· 玻璃杯

右手握茶杯基部，左手托杯底，右手手腕逆时针转动，双手协调令茶杯各部分与开水充分接触；涤荡后将开水倒入水盂，放下茶杯。

· 品茗杯

手持品茗杯，逆时针旋转；滚动温杯，一只杯侧立在另一杯中，手指推动茶杯转动温烫；再将温杯的水倒入茶盘中。用茶夹夹住品茗杯，逆时针旋转一周将水倒掉；用茶夹夹住品茗杯，在另一只杯中滚动温烫。

温盖碗

左手持杯身中下部，右手按杯盖，逆时针方向旋转一周（方法同玻璃杯）。掀开杯盖，让温杯的水顺着杯盖流入杯托，同时右手转动杯盖温烫杯盖。

冲泡手法

· 单手回转冲泡法

右手提壶，手腕逆时针回转，令水流沿茶壶口（茶杯口）内壁冲入茶壶（杯）内。

· 双手回转冲泡法

如果开水壶比较沉，可用此法冲泡。双手取茶巾置于左手手指部位，右手提壶左手垫茶巾部位托在壶底；右手手腕逆时针回转，令水流沿茶壶口（茶杯口）内壁冲入茶壶（杯）内。

· 凤凰三点头冲泡法

高提水壶，让水直泻而下，接着利用手腕的力量，上下提拉注水，反复三次，让茶叶在水中翻动。这一冲泡手法，雅称凤凰三点头。凤凰三点头最重要在于轻提手腕，手肘与手腕平，便能使手腕柔软有余地。所谓水声三响三轻、水线三粗三细、水流三高三低、壶流三起三落都是靠柔软手腕来完成。至于手腕柔软之中还需有控制力，才能达到同响同轻、同粗同细、同高同低、同起同落。

· 回转高冲低斟法

乌龙茶冲泡时常用此法。先用单手回转法，右手提开水壶注水，令水流先从茶壶壶肩开始，逆时针绕圈至壶口、壶心，提高水壶令水流在茶壶中心处持续注入，直至七分满时压腕低斟（仍同单手回转手法）；补满后提腕令开水壶壶流上翘断水。淋壶时也用此法，水流从茶壶壶肩→壶盖→盖纽，逆时针打圈浇淋。

玻璃杯泡茶法

玻璃杯冲泡茶叶，茶叶的形态尽收眼底，能让喝茶者饱享眼福。而且玻璃杯取之方便，可随时随地泡茶饮用，达到眼福与口福的双重享受。

适用茶类

细嫩绿茶、花茶及调混茶类。

特点及优势

玻璃杯与其他的茶杯最大的不同就是其透明性，可以全方位的观察茶叶的浸泡、舒展过程。玻璃杯适合泡饮的是名贵绿茶，如龙井、碧螺春等茶叶有特色的茶品，或条，或扁，或螺，或针……观察茶叶在水中缓缓舒展、游动、变幻，人们称其为茶舞。混调红茶和花茶也是如此，用玻璃杯可以更好地看清其“色”，这些都是其他不透明茶杯不具备的。

注意事项

玻璃的耐热性能不佳，所以不宜直接用开水冲泡，所以事先可往杯内倒少许热水，轻摇后倒掉，既起到清洁，又起到温杯的作用。然后放入茶叶后缓缓加水，用玻璃杯泡茶，不宜一次饮尽，水约剩 1/3 的时候即可添水。

Tips：玻璃杯冲泡绿茶的三种方法。

上投法

将准备好的80℃左右的热水倒入玻璃杯中，倒七分满，将茶叶撒入杯中，稍后等茶叶泡开即可饮用。上投法适用于茶芽细嫩、紧细重实的茶，比如碧螺春、蒙顶甘露。

中投法

将80℃左右的热水倒进茶杯，倒三分满，将茶叶撒入约15秒左右，再将水倒至七成满，等茶叶泡开即可饮用。

下投法

先投茶，然后把热水倒入七成满，等茶泡开即可。下投法适合条索舒展的绿茶。

盖碗泡茶法

盖碗最能表现出茶汤本色，很多人喜欢用盖碗泡茶。盖碗泡茶法简便，易学，实用，且高雅而优美。

适用茶类

各种绿茶、乌龙茶、花茶。

特点及优势

盖碗一般是陶制或紫砂制，所以盖碗的作用和紫砂壶相似，用盖碗喝茶，颇显风雅，在古代客来敬茶一般都是用盖碗。因为盖碗一般都较浅，所以不适合冲泡细碎的茶叶。

注意事项

使用盖碗泡茶，主要是要注意茶叶的投置量。不过现在市场有售“五克”量、“七克”量、“十克”量等不同容量的盖碗，很容易就能根据自己所买的盖碗来决定投茶量。

品饮之前用杯盖轻刮汤面，拂去茶叶。

品饮盖碗茶的时候，女士用双手，左手持杯托，品饮时右手让杯盖后延翘起，从缝隙中品茶。

男士品饮盖碗茶时则用一只手，不用杯托，直接用拇指和中指握住碗沿，食指按碗盖让后延翘起，品饮。

壶泡法

紫砂壶保温性能好，透气度高，用紫砂壶泡茶能充分显示茶叶的香气和滋味，常用来冲泡乌龙茶、普洱茶等。

适用茶类

乌龙茶、普洱茶，以及除碎茶以外的各种茶类。

特点及优势

用紫砂壶泡茶是比较正式的一种招待客人的方式，适合较多人一起饮用，也适合两人久坐品饮，是目前人们使用最多的一种饮茶方式。

注意事项

壶泡法操作相对复杂，讲究较多，比如应根据所泡的茶和饮茶人数选配茶具。泡茶前应先温烫茶具，泡茶过程中应非常注意各个环节的细节，宾主应各受礼节。

Tips：关公巡城和韩信点兵

在分茶汤时，为使各个小茶杯浓度均匀一致，使每杯茶汤的色泽、滋味尽量接近，做到平等待客、一视同仁。为此，先将各个小茶杯，或“一”字，或“品”字，或“田”字排开，采用来回提壶洒茶，称之为“关公巡城”。

又因为留在茶壶中的最后几滴茶往往是最浓的，是茶汤的精华部分，所以要分配均匀，以免各杯茶汤浓淡不一。最后还要将茶壶中留下几滴茶汤，分别一滴一杯，一一滴入到每个茶杯中，称为“韩信点兵”。

同心杯泡茶法

因为壶泡法品饮起来太费工夫，很多场合不便进行。使用同心杯泡茶，就方便多了。同心杯泡法尤其适合办公室使用。

适用茶类

各种茶类。

特点及优势

同心杯一般为瓷制或瓷塑，特点是茶杯里面有一个滤芯，泡茶的时候把茶叶放在滤芯里，一方面可以防止茶叶四散入口，另一方面也很方便调节茶汤的浓度，以适应不同需要的人。

注意事项

取出滤芯放在倒置的茶盖上，放入适量的茶叶，放回滤芯；加热水漫过茶叶，根据需要等茶汤到了合适的浓度取出杯芯放在杯盖上，一杯清香甘润的热茶就泡好了。

冲泡名茶

冲泡西湖龙井

泡茶准备

备具：盖碗、茶则、水盂

冲泡方法：盖碗之下投法

水温：80℃左右

茶水比例：1（克茶）：50（毫升水）

冲泡要领一

1. 下投法是指先投茶，然后把热水倒入七成满，等茶泡开即可。
2. 人们最常用的冲泡西湖龙井的器具是玻璃杯，以便更好地欣赏茶叶在水中上下翻飞、翩翩起舞的仙姿。但其实最适合泡龙井茶的是瓷器茶具，因为它能发挥西湖龙井茶的香与味，能更好地诠释龙井的精妙。
3. 用于冲泡西湖龙井的茶具，要求内瓷质洁白，便于衬托碧绿的茶汤和茶叶。

冲泡技艺

1 准备：先将水烧至沸腾，等水温降到适宜的80℃左右。取适量西湖龙井茶放入茶则之中备用。

2温杯：倒少量热水入盖碗中，温杯润盏。杯身和杯盖都需要温烫到。

3投茶：将茶则中的西湖龙井茶投入盖碗之中。

4润茶：向盖碗中倒入热水，浸没茶叶即可。让茶叶浸润，展开，时间不宜过长，10 秒钟左右即可。

5冲泡：用凤凰三点头的方法高冲水，即高提水壶，让水直泻而下，利用手腕的力量，上下提拉注水，反复三次，让茶叶在水中翻动。冲水至七分满。

6将杯盖露边斜放在盖碗上。用盖碗冲泡高档绿茶，冲水后杯盖不能立即平放密封，以免焖黄茶叶。

冲泡要领二

1. 凤凰三点头不仅为了泡茶本身的需要，为了显示冲泡者的姿态优美，更是中国传统礼仪的体现。三点头像是对客人鞠躬行礼，是对客人表示敬意，同时也表达了对茶的敬意。
2. 冲泡绿茶对水温的要求是 75~85℃，因此上班族办公室里饮水机的水温，就可以冲泡绿茶。

冲泡碧螺春

泡茶准备

备具：玻璃杯、茶荷、茶匙、茶则、水盂

冲泡方法：玻璃杯之上投法

水温：80℃左右

茶水比例：1（克茶）：50（毫升水）

冲泡技艺

1 准备：先将水烧至沸腾，等水温降到80℃左右。用茶则将适量碧螺春倒入茶荷之中。

赏茶：将茶荷置于虎口处，用拇指和其余四指将茶荷拿稳，另一只手托住茶荷底请客人欣赏干茶。此时可以观察茶叶的形状和闻干茶的气味。

2 温杯：向玻璃杯中注入少量热水。双手持杯底缓慢旋转，使杯中上下温度一致，然后将洗杯的水倒入水盂中。

3 注水：注水入杯至七分满。

4 投茶：用茶匙将茶荷中的碧螺春轻轻拨入玻璃杯中。

5 静置：投茶后将茶静置3分钟左右。

6 赏茶舞：欣赏茶叶落入水中时，茶芽吸水后瞬间沉入杯底。在茶叶渐渐落下的过程中，茶汤慢慢变绿。

冲泡要领

1. 一般茶叶是先放茶，后冲水。而碧螺春则是先在杯中倒入沸水，然后放进茶叶。这种先向杯中冲入热水至七分满，再投入茶叶的方法称为上投法，这种泡法还有个好听的名字叫“落英缤纷”。上投法适用于茶芽细嫩、紧细重实的茶，比如碧螺春、蒙顶甘露。
2. 碧螺春因为毫多，冲泡后会有“毫浑”，其他绿茶汤色都应清明透亮。
3. 冲泡绿茶通常选用无色无花纹的直筒形、厚底耐高温的玻璃杯，以便于观赏“茶舞”。

冲泡黄山毛峰

泡茶准备

备具：茶盘、玻璃杯、茶荷、茶匙、茶则

冲泡方法：玻璃杯之中投法

水温：80℃左右

茶水比例：1（克茶）：50（毫升水）

冲泡要领

中投法是指先注少量水，后投茶，泡一定时间再高冲水至七分满的泡茶手法。

冲泡技艺

1 准备：先将水烧至沸腾，等水温降到80℃左右。将适量茶叶拨入茶荷之中。

2 温杯：向玻璃杯中注入少量热水，手持杯底，缓慢旋转使杯中上下温度一致，然后将废水倒入茶盘中。

3 注水：将热水注入杯中约茶杯的1/4处。

4 投茶：用茶匙将茶荷中的黄山毛峰拨入杯中，静待茶叶慢慢舒展。可轻摇杯身，促使茶汤均匀，加速茶与水的充分融合。

5 冲水：茶叶舒展后，高冲水至七分满。1~2分钟后即可品茗。

Tips：曲指代跪的由来

奉茶者给受茶者奉茶或斟茶时，受茶者右手食指和中指并拢微曲，轻轻叩击茶桌两下，以示谢意。或不必弯曲，用指尖轻轻叩击桌面两下，显得亲近而谦恭有礼。这是茶桌上特有的礼仪，这个礼仪的由来是这样的：乾隆皇帝下江南时，一次微服出行，装扮成仆人。他走到路边茶馆喝茶，店主不认识皇帝，当他是仆人，就把茶壶递给他，让他给穿着像主人的太监倒茶。皇帝斟茶，太监自然非常惶恐，又不能马上下跪谢恩暴露皇帝身份，情急之下将右手的食指与中指并拢，弯曲指关节，在桌上做跪拜状轻轻叩击。后来慢慢地，这一谢茶礼就在民间流传开来。

冲泡铁观音

泡茶准备

备具：茶盘、茶荷、茶道六用、盖碗、过滤网、品茗杯、公道杯

冲泡方法：盖碗冲泡

水温：95℃以上沸水

茶水比例：1（克茶）：20~25（毫升水）

冲泡要领一

用盖碗冲泡铁观音优点是简单、易操作，缺点是瓷器传热快，容易烫手。建议初学者还是用紫砂壶冲泡为宜。

冲泡技艺

1 准备：将足量水烧至沸腾。将适量铁观音拨入茶荷中备用。

2 温杯：注入热水温烫盖碗，并将盖碗中的水倒入公道杯中，再将水倒入品茗杯中温杯。

3 投茶：用茶匙将茶荷中的茶拨入盖碗中，投茶量约为杯子的 1/2。

4 润茶：将开水冲入盖碗中，并将盖碗中的水迅速倒入公道杯，再将公道杯中的水倒入品茗杯，最后将杯中的水倒入茶盘。

5 冲泡：高冲水，冲至茶汤刚溢出杯口。

6 刮沫：用杯盖刮去杯口漂浮的白泡沫，使茶汤清新洁净。再用开水冲掉杯盖上的浮沫，盖好杯盖。

7 出汤：泡 1~2 分钟后将盖碗中的茶倒入公道杯中。

8 分茶：把茶水依次巡回注入各茶杯巡回分茶，使每杯茶汤浓淡一致。

冲泡要领二

投茶后，可盖上杯盖，拿起盖碗摇晃，然后可掀开杯盖闻干茶的香气。

冲泡大红袍

泡茶准备

备具：紫砂壶、公道杯、过滤网、品茗杯、茶荷、茶道六用

冲泡方法：壶泡法

水温：95℃以上沸水

茶水比例：1（克茶）：20~25（毫升水）

冲泡要领

1. 大红袍是条索形茶，占的体积较大，投茶量应为壶容积的 2/3 到 4/5。
2. 在投茶的壶口放置茶漏，目的是防止茶叶外溢。
3. 润茶时，水要快进快出。一般来说，润茶时间不宜超过 10 秒,5 秒内出水为佳。基本原则是宁淡勿浓，先淡后浓。依此方法冲泡，基本上就能冲泡出大红袍的韵味。
4. 以大红袍为代表的武夷岩茶的冲泡讲究的是高冲水低斟茶，目的是为了让所投的岩茶充分浸泡。每泡茶出水一定要透彻，否则会影响下一泡的茶汤。

冲泡技艺

1 准备：先将足量水烧至沸腾，再将适量大红袍拨入茶荷。

2 温具：向壶中注入沸水温壶；将温壶的水倒入公道杯中，温公道杯；再将公道杯中的水倒入品茗杯中，温品茗杯。

3 投茶：将茶漏放在壶口处，用茶匙将大红袍拨入壶中。

4 润茶：倒入半壶开水，并迅速将润茶的水倒入公道杯中。

5 冲泡：高冲水至满壶，直到茶汤刚刚溢出壶口。

6 刮沫：用壶盖轻轻刮去壶口漂浮的浮沫，盖好壶盖。

7 淋壶与温杯：用公道杯内的茶汤淋壶。将温杯的水倒入水盂中，并将品茗杯放回原处。

8 出汤：淋壶后约半分钟，将泡好的茶汤倒入公道杯中。

9 分茶：将公道杯中的茶汤均匀地分到每个品茗杯中。

冲泡冻顶乌龙

泡茶准备

备具：茶盘、茶道六用、紫砂壶、公道杯、过滤网、茶荷、茶巾、闻香杯、品茗杯、杯托

冲泡方法：壶泡法

水温：95℃以上沸水

茶水比例：1（克茶）：20~25（毫升水）

冲泡要领一

冲泡冻顶乌龙茶使用的是功夫茶的泡茶方法，使用的茶具较多，比如多了闻香杯。细长的闻香杯有助于更好地欣赏茶的本色和原味真香。

冲泡技艺

1 准备：先将足量水烧至沸腾。将适量冻顶乌龙拨入茶荷中。

2 温具：向壶中注入沸水温壶。温公道杯。温闻香杯及品茗杯。

3 投茶：将茶漏放在壶口，用茶匙把茶荷中的干茶轻轻拨入紫砂壶中。

4 润茶：冲水入壶。再迅速将水倒入公道杯中。

5 冲泡：再冲水入壶至茶汤溢出。

6 刮沫：用壶盖向内轻轻刮去壶口表面处的浮沫，并盖好壶盖。

冲泡要领二

1. 不同种类的茶置茶的量也有所不同，比如纤细的绿茶只需约 1/4 壶，紧压茶类如普洱需要约 1/3 壶，条索较紧的乌龙茶要放约 1/2 壶，而蓬松球状乌龙茶则需要把茶叶放至虚满。

2. 一般来说，乌龙茶第一次冲水润茶的茶汤不喝。

7 淋壶：将公道杯中的茶汤淋于壶身。

8 温杯：将温品茗杯的水倒入茶盘，用茶巾拭净，并放回原处。

9 出汤：淋壶后约 3 秒将茶汤倒入公道杯中，控净茶汤。

10 分茶扣杯：将公道杯内的茶汤均匀分到每个闻香杯中。将品茗杯扣到闻香杯上。双手食指抵闻香杯底，拇指按住品茗杯快速翻转。

冲泡要领三

热水浇淋茶壶的作用不仅仅是使茶壶均匀受热，另外还有保温的作用。茶壶的茶盖与壶身之间结合得比较紧密，淋上热水以后，在壶身与壶盖之间会覆盖成一层水膜，起到隔绝外界冷空气的作用，以便使茶性充分发挥，同时达成养壶的效果。

11 敬茶：双手持杯托将泡好的茶奉给客人。

12 闻香：拿起闻香杯将茶汤倒入品茗杯中，双手持闻香杯闻香。

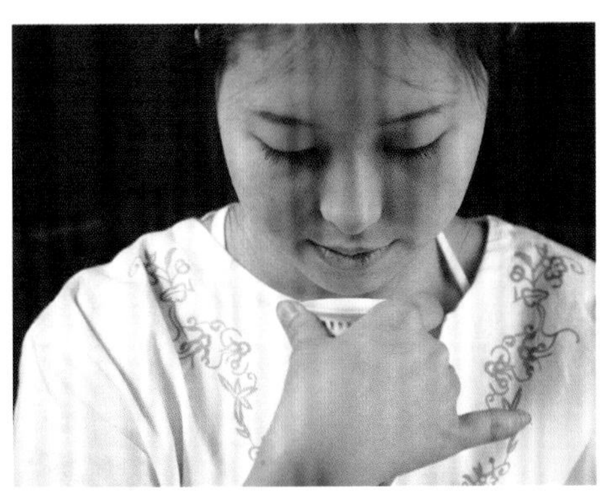

13 品饮：品茶。品饮乌龙茶时所用的茶杯讲究香橼小杯，一般不使用较大的品茗杯，讲究的就是细细品味，宜以小杯分三口以上慢慢细品。

Tips：

敬茶时左手持茶托，右手将茶杯置于茶托上，将杯托交还给右手，再奉至品茶者的正前方。取茶托由上至下，取茶杯由左至右。奉茶时，从左边的第一位客人开始，顺序向右，最后一杯茶要留给泡茶者本人，置于泡茶者右前方。

冲泡普洱生饼茶

泡茶准备

备具：茶道六用、紫砂壶、公道杯、过滤网、品茗杯、茶荷、茶盘、茶刀

冲泡方法：壶泡法

水温：100℃沸水

茶水比例：1（克茶）：50（毫升水）

冲泡要领

无论熟茶还是生茶，对于普洱茶，“洗茶”这一过程必不可少。这是因为，大多数普洱茶都是隔年甚至数年后饮用的，储藏越久，越容易沉积脱落的茶粉和尘埃，通过“洗茶”达到“涤尘润茶”的目的。

冲泡技艺

1 准备：将足量水烧至沸腾。

2 温具：先倒入热水温壶，再将温壶的水温烫公道杯，将公道杯中的水倒入品茗杯。

3 投茶：用茶刀挖取适量茶叶放入茶荷中，压制很紧的饼茶冲泡前要用手撕成小片。用茶匙将茶叶拨入壶中。

4 洗茶：向紫砂壶中注入半壶开水，并迅速倒入水盂中。需1~2次。

5 冲泡：冲水至满壶，刮去浮沫盖上壶盖。约3秒。

6 温杯：手持品茗杯，逆时针旋转，然后将温杯的水倒入茶盘。

7 出汤：持壶快速将茶汤倒入公道杯中，控净茶汤。

8 分茶：将公道杯内的茶汤分入每个品茗杯中。

Tips：

先用“关公巡城”把茶水依次巡回注入各茶杯巡回分茶，使每杯茶汤浓淡一致。再用“韩信点兵”即把茶汤精华依次点到各个茶杯中。

冲泡普洱熟饼茶

泡茶准备

备具：茶叶罐、紫砂壶、公道杯、过滤网、品茗杯、茶荷、茶道六用、茶盘

冲泡方法：壶泡法

水温：100℃沸水

茶水比例：1（克茶）：50（毫升水）

冲泡要领

1. 普洱茶的泡茶器皿以宜兴紫砂壶为首选。和乌龙茶“以小为贵”相反，普洱茶应该用容量大一点的壶冲泡。

2. 普洱茶选用的茶杯一般以白瓷或青瓷为宜，以便于观赏普洱茶的迤逦汤色。茶杯应大于功夫茶用杯，以厚壁大杯大口饮茶。

3. 第一次的冲泡速度要快，只要能将茶叶洗净即可，无需将它的味道浸泡出来。

冲泡技艺

1 准备：先将足量水烧至沸腾。冲泡普洱茶需要100℃的沸水。

2 温具：倒入开水温壶，将温壶的水温烫公道杯，再将公道杯中的水倒入品茗杯。

3 投茶：用茶则将已经解散的普洱熟茶从茶罐里取出，放入茶荷中。用茶匙将适量的熟茶投入紫砂壶中。

4 润茶：将开水注入壶中，将壶中的水迅速倒入公道杯中。

5 冲泡：冲水至满壶，刮去浮沫，盖上壶盖。

6 淋壶：用公道杯内的茶汤淋壶。静置 1 分钟左右。

7 温杯：手持品茗杯，逆时针旋转。再将温杯的水倒入茶盘。

8 出汤：将泡好的茶汤快速倒入公道杯中，控净茶汤。

9 分茶：将公道杯内的茶汤分入每个品茗杯中。

冲泡祁门红茶

泡茶准备

备具：公道杯、茶壶、品茗杯、水盂、茶荷、茶匙、茶夹

冲泡方法：壶泡法

水温：100℃沸水

茶水比例：1（克茶）：50（毫升水）

冲泡要领一

冲泡祁门红茶，首先要有好的茶具。一副好的茶具，可以让人静心品位，好茶、好茶具可以相得益彰，提升饮茶人的品位。冲泡祁门红茶一般要选用瓷质茶壶、茶杯，最好是青花。

冲泡技艺

1 温具：向壶中注入烧沸的开水温壶，将温壶的水倒入公道杯后温公道杯，再倒入品茗杯。

2 投茶：用茶匙将茶荷中的茶拨入茶壶中。

3 润茶：向壶中注入少量开水，并快速倒入水盂中。

4 冲水：冲水至满壶，泡 2~3 分钟。

5 温杯：用茶夹夹取品茗杯，温杯，将温杯的水倒入水盂中。

6 出汤：将泡好的茶汤倒入公道杯中，茶汤控净。

7 分茶：将公道杯中的茶汤分到各个品茗杯中。

冲泡要领二

1. 冲泡红茶要高冲水，悬壶高冲会使得茶香更浓，滋味更纯。

2. 泡茶时壶口处有浮沫时，可用壶盖刮掉。

3. 祁门红茶通常可冲泡 3 次，每次的口感各不相同。

冲泡君山银针

泡茶准备

备具：玻璃杯、茶则、茶匙、茶荷、水盂

冲泡方法：玻璃杯之中投法

水温：80℃左右

茶水比例：1（克茶）：50（毫升水）

冲泡要领

温杯以后需擦干杯子，以避免茶芽吸水而不易竖立。

冲泡技艺

1 准备：将足量水烧至沸腾，待水温降至85℃左右备用。取适量君山银针放入茶荷中。

2 温具：温杯，并将温杯的水倒入水盂中。

3注水：冲水至杯的三分满。

4投茶：用茶匙将君山银针轻轻投入玻璃杯中。

5冲泡：高冲水至七分满。

6赏茶：茶叶从水的顶部慢慢漂下去在水中伸展，俗称“茶舞”。茶叶在杯中一根根垂直立起，踊跃上冲，悬空竖立，继而上下游动，然后徐徐下沉，簇立杯底。

7品饮：待“茶舞”停止，就能仔细品饮了。

Tips：

刚泡好的君山银针并不能立即竖立悬浮在杯中，要等待3~5分钟，待茶芽完全吸水后，茶尖朝上，芽蒂朝下，上下浮动，最后竖立于杯底。有的茶芽可以“三起三落”，值得欣赏。

君山银针的“三起三落”是由于茶芽吸水膨胀和重量增加不同步，芽头比重瞬间变化而引起的。可以设想，最外一层芽肉吸水，比重增大即下降，随后芽头体积膨大，比重变小则上升，继续吸水又下降，于是就有了“三起三落”的奇观。

冲泡白毫银针

泡茶准备

备具：玻璃杯、茶荷、茶匙、水盂

冲泡方法：玻璃杯之下投法

水温：80℃左右

茶水比例：1（克茶）：50（毫升水）

冲泡要领一

1. 冲泡白毫银针选择玻璃杯冲泡为最佳。
2. 在冲水时玻璃杯导热快，可以握住底部，以免烫手。

冲泡技艺

1 准备：将足量的水烧开至沸腾，待水温降至80℃左右备用。将适量的白毫银针放入茶荷中。

2 温杯：向玻璃杯中注入少量热水，手持杯底，缓慢旋转使杯中上下温度一致。将废水倒入水盂中。

3 投茶：用茶匙把茶荷中的茶拨入玻璃杯中。

4 冲泡：高冲水至七分满。

5 赏茶：冲泡后，茶芽徐徐下落，慢慢沉至杯底，条条挺立。

6 品茶：冲泡约 5 分钟后，茶汤呈橙黄色，此时方可端杯闻香和品尝。

冲泡要领二

1. 白毫银针泡饮方法与绿茶基本相同，但因其未经揉捻，茶汁不易浸出，冲泡时间宜较长。

2. 在等待茶汤的时候可以看看茶在水中漂动，俗称“茶舞”。

3. 白毫银针要经过 5~6 分钟后，才有部分茶芽沉落杯底。此时茶芽条条挺立，上下交错，犹如雨后春笋。

冲泡茉莉花茶

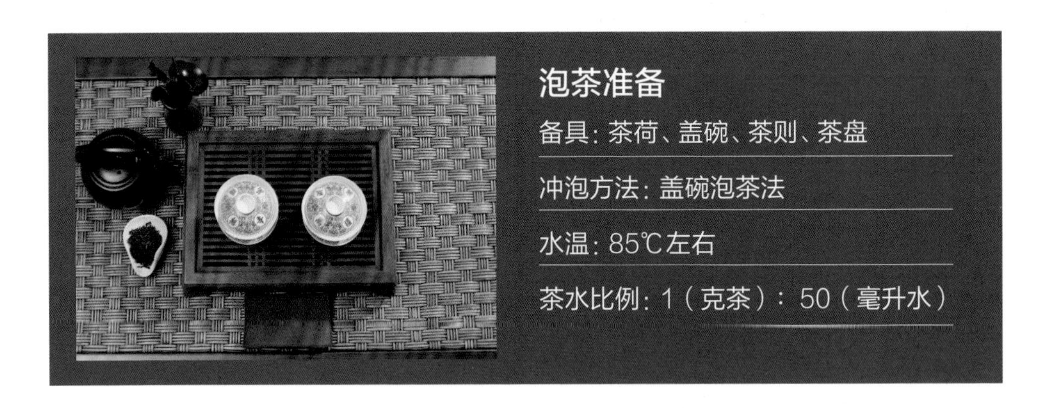

泡茶准备

备具：茶荷、盖碗、茶则、茶盘

冲泡方法：盖碗泡茶法

水温：85℃左右

茶水比例：1（克茶）：50（毫升水）

冲泡要领一

冲泡茉莉花茶的水温视茶坯而定，如果茶坯为绿茶则水温在85℃左右；如果茶坯为乌龙茶则必须是沸水。

冲泡技艺

1 准备：将足量水烧沸，待水温降到85℃左右备用。

2 温具：向盖碗里注入少量热水，温杯润盏。杯身和杯盖都要温烫到。

3 投茶：用茶匙把茶荷中的茶拨入玻璃杯中。

4 冲水：冲水至七分满，盖好杯盖。

5 敬茶：双手持杯托将茶敬给客人。

冲泡要领二

冲泡茉莉花茶时，头泡应低注，冲泡壶口紧靠茶杯，直接注于茶叶上，使香味缓缓浸出；二泡采中斟，壶口稍离杯口注入沸水，使茶水交融；三泡采用高冲，壶口离茶杯口稍远冲入沸水，使茶叶翻滚，茶汤回荡，花香飘溢。

办公室轻松泡茶

在办公室工作累了，泡上一杯茶，不仅能提神、缓解疲劳，品上一口茶，唇齿留香，心清气爽，带着这样的好情绪，投入下一轮的工作，是多么惬意啊。

办公室喝什么茶比较合适

1 茶汤要浓，办公室里喝茶除了解渴以外，提神也是一个比较重要的作用，所以喝一点提神的浓茶是最好的选择。

2 茶叶要耐泡，毕竟是工作时间，没时间去经常换茶叶，所以要选择比较耐泡的茶叶，基本上一杯茶可以喝上半天甚至一天。

3 价格不要太贵，名贵的茶叶一般是需要静下心来品味的，显然不适合办公室这样忙碌的环境。

4 一般来说，办公室里最适合的茶是绿茶、乌龙茶和红茶，普洱需要洗茶的次数较多，不太适合。女性多喜欢红茶包，可以加一点糖、奶来调味。

Tips：保温杯泡茶的危害

茶叶中含有大量的鞣酸、茶碱、茶香油和多种维生素，用 80℃左右水冲泡比较适宜。如果用保温杯长时间把茶叶浸泡在高温的水中，就如同用微水煎煮一样，会使茶叶中的维生素遭到破坏，茶香油大量挥发，鞣酸、茶碱大量渗出。这样不仅降低了茶叶的营养价值，没有了茶香，还使有害物质增多。

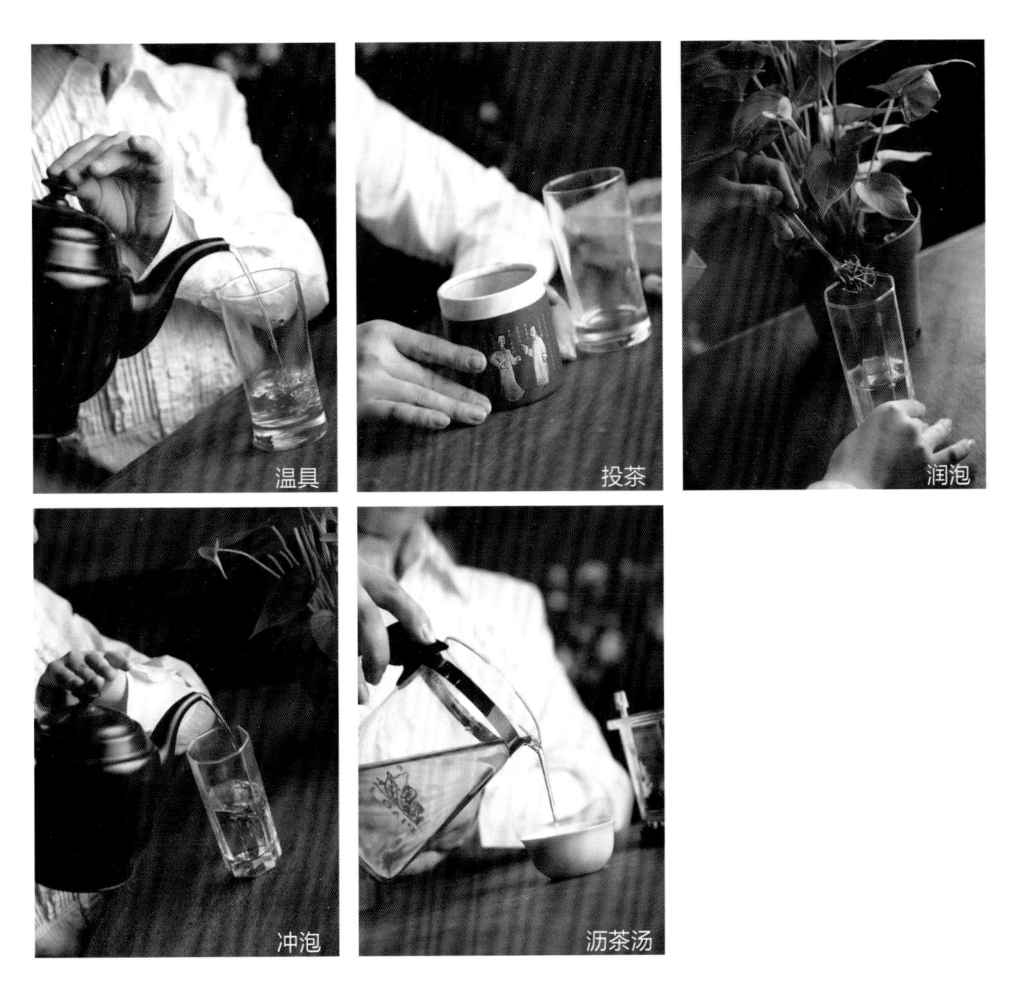

温具 投茶 润泡 冲泡 沥茶汤

办公室简易泡茶

1 温具：加开水到杯子的 1/3 旋转一圈，使开水温到杯子的全部内壁，然后弃水，目的是提高杯子的温度。

2 投茶：根据茶量的多少，放茶叶入杯中。

3 润泡：除了袋泡茶不用温润泡，其他茶叶都需温润泡。绿茶、红茶、黄茶、白茶、花茶的温润泡，加水到杯子的 1/3，然后用手转动杯子，或静置 1~2 分钟。

4 冲泡：加水到杯子的 2/3，7 分满，花茶、普洱、乌龙茶需加盖，绿茶、白茶、红茶、黄茶不需加盖。

5 沥茶汤：乌龙茶、普洱茶沥茶汤至品茗杯中，再品饮，其他茶可直接品饮。

附录 茶俗茶事

茶是随性之物，既可进柴门，亦可登大雅之堂。在百姓那里可以与『油盐酱醋』为伍，在文人那里又与『琴棋书画』等高雅之事为伴，茶成了中国古代文人生活重要内容之一，亦成了文人进行文学创作的重要题材和手段。

茶事

于茶，你可以“一饮涤昏寐，情思爽朗满天地；再饮清我神，忽如飞雨洒轻尘；三饮便得道，何须苦心破烦恼”。更能“洗尽古今人不倦，将至醉后岂堪夸”，在“忙里偷闲、苦中作乐”中享受一点美与和谐，在刹那间体会永久。

茶圣

陆羽之后，才有茶字，也才有茶学。确切地说，茶是因为陆羽摆脱自然束缚获得解放，一举成为华夏的饮食和精神缩影。

千古第一茶人

中国好茶者无数，从王公贵族到贩夫走卒，从文人骚客到平民白丁，称得上“千古第一茶人”的，非唐朝陆羽莫属。在中国茶文化史上，他所创造的一套茶学、茶艺、茶道思想，以及他所著的《茶经》，是一个划时代的标志。

弃佛从文

相传陆羽是个孤儿，被智积禅师抚养长大。陆羽虽身在庙中，却不愿终日诵经念佛，而是喜欢吟读诗书。当他执意要求下山求学时，遭到了禅师的反对。禅师为了给陆羽出难题，同时也是为了更好地教育他，便叫他学习冲茶。在钻研茶艺的过程中，陆羽碰到了一位好心的老婆婆，不仅学会了复杂的冲茶的技巧，更学会了不少读书和做人的道理。当陆羽最终将一杯热气腾腾的茗茶端到禅师面前时，禅师终于答应了他下山读书的要求。

陆羽对茶的研究是多方面的，茶叶的选择、泉水的鉴赏、茶器的制作、饮茶的礼节都有相当的研究，他还自己亲自设计制作了一些煮茶的风炉等茶具。有很多名泉、名茶都有陆羽的传说甚至以陆羽为名，后世尊其为“茶圣”。

茶经

公元780年，陆羽著《茶经》，概括了茶的自然和人文科学双重内容，探讨了饮茶艺术，把儒、道、佛三教融入饮茶中，首创了中国的茶道精神。

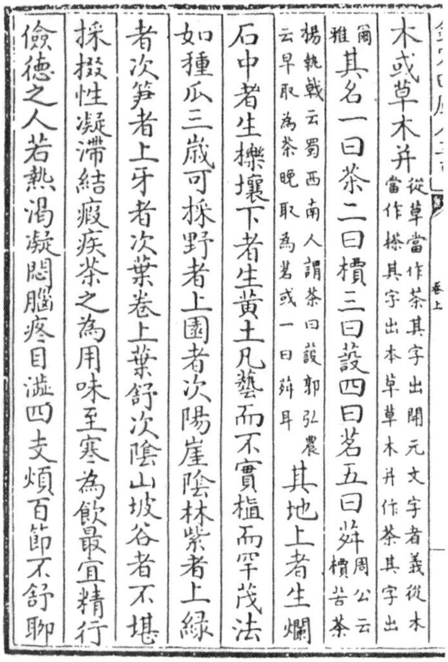

茶文化的圣经

自唐初以来，各地饮茶之风渐盛。但饮茶者并不一定都能体味饮茶的要旨与妙趣。于是，陆羽决心总结自己半生的饮茶实践和茶学知识，写出一部茶学专著。这部著作的完成共经历了十几年的时间，是我国第一部茶学专著，也是中国第一部茶文化专著，即使在今天，仍然具有很大的实用价值。

《茶经》共三卷十章七千余字，分别为：卷一，一之源，二之具，三之造；卷二，四之器；卷三，五之煮，六之饮，七之事，八之出，九之略，十之图。茶经是唐代和唐以前有关茶叶的科学知识和实践经验的系统总结；是陆羽躬身实践，笃行不倦，取得茶叶生产和制作的第一手资料后，又遍稽群书，广采博收茶家采制经验的结晶。

承着神农尝百草，发现茶、利用茶的历史脉络，沿着编年，凡与“茶”字有关的都网罗过来，天下茶书无数，都抵不过陆羽的一本《茶经》。

在《茶经》中，陆羽除全面叙述茶区分布、茶叶的生长、种植、采摘、制造、品鉴外，有许多名茶首先为他所发现。如浙江长城（今长兴县）的顾渚紫笋茶，经陆羽评为上品，后列为贡茶；义兴郡（今江苏宜兴）的阳羡茶，则是陆羽直接推举入贡的。

《茶经》一问世，即风行天下，为世人学习和珍藏。从此，"品茶"不再局限于鉴别茶的优劣，而是带有神思遐想和领略饮茶情趣的意味，成为上至宫廷贵族，下至文人骚客的艺术享受。

茶诗

茶与文学联姻最早可以追溯到2000多年以前，中国第一部诗集《诗经》中有"堇荼如饴""谁谓荼苦，其甘如荠"的诗句，至今，有关茶的诗词、品文、散文、小说等文学作品浩如烟海。

中国最早的茶诗，是西晋文学家左思的《娇女诗》。全诗280言56句，陆羽《茶经》选摘了其中12句：

吾家有娇女，皎皎颇白皙。其姊字惠芳，眉目粲如画。贪华风雨中，倏忽数百适。

小字为纨素，口齿自清历。驰骛翔园林，果下皆生摘。心为茶歌剧，吹嘘对鼎沥。

这首诗生动地描绘了一双娇女调皮可爱的神态。在园林中游玩，果子尚未熟就被摘下来。虽有风雨，也流连花下，一会儿就跑了好多圈。口渴难熬，她们只好跑回来，模仿大人，急忙对嘴吹炉火，盼望早点煮好茶水解渴。诗人词句简洁、清新，不落俗套，为茶诗开了一个好头。

最早的咏名茶诗，是李白的《答族侄僧中孚赠玉泉仙人掌茶》：

尝闻玉泉山，山洞多乳窟。曝成仙人掌，似拍洪崖肩。

仙鼠如白鸦，倒悬清溪月。举世未见之，其名定谁传。

茗生此中石，玉泉流不歇。宗英乃禅伯，投赠有佳篇。

根柯洒芳津，采服润肌骨。清镜烛无盐，顾惭西子妍。

丛老卷绿叶，枝枝相接连。朝坐有余兴，长吟播诸天。

茶画

茶与画先天有缘，欣赏一些书画作品，比如册页或手卷，便非得有清茶一杯在手旁，才能更从容地观摩。

在现存的史册中，能够查到的最早与茶有关的绘画，是唐朝的《调琴啜茗图卷》。唐开元年间，不仅只是茶和诗的蓬勃发展年代，也是我国国画的兴盛时期。著名画家就有李思训、李昭道父子（俗称大李和小李将军）以及卢鸿、吴道子、卢楞伽、张萱、梁令瓒、郑虔、曹霸、韩干、王洽、韦大忝、陈闳、翟琰、杨庭光、范琼、陈皓、彭坚、杨宁、王维、杨升、张璪、周方、杜庭睦、毕宏等。

五代时期，西蜀和南唐，都专门设立了画院，邀集著名画家入院创作。宋代也继承了这种制度，设有翰林图画院。在国子监也开设了以画学课。所以在宋代以后，特别是与今较近的明清，以茶为画，不仅有相关记载，而且存画也逐渐多了起来。宋代现存最完整的茶事美术作品，首推北宋的“妇女烹茶画像砖”。画像砖是汉以前就流行的一种雕画结合的形式，但唐代以后渐趋稀少，北宋这件妇女烹茶画像砖，画面为一高髻宽领长裙妇女，在一炉灶前烹茶，灶台上放有茶碗、茶壶，妇女手中还一边在擦拭着茶具。整个造型显得古朴典雅，用笔细腻。

此外，据记载，南宋著名画家刘松年还曾画过一幅《斗茶图卷》。刘松年是南宋钱塘（今杭州）著名的杰出画家。淳熙年间学画于画院，绍熙时，任职画院待诏，他擅长山水兼人物画，施色妍丽，和李唐、马远、夏圭并称“南宋四家”，可惜的是这幅《斗茶图卷》，没有传存下来。

不过，刘松年的《斗茶图卷》虽然不见，但宋代著名书画家赵孟頫所作的同名画——《斗茶图》则流传了下来。其画一脱南宋“院体”，自成风格，对当时和后世的画风影响很大。

茶俗

古人云："千里不同风，百里不同俗。"不同地方的人，自然饮茶的习惯与爱好也会有所不同。而这些不同地方的饮者，更是发明了形形色色的茶俗。

中华茶俗

汉族的清饮

汉族的饮茶方式，大致有品茶和喝茶之分。大抵说来，重在意境，以鉴别香气、滋味，欣赏茶姿、茶汤，观察茶色、茶形为目的，谓之品茶。倘在劳动之际，汗流浃背，或炎夏暑热，以清凉、消暑、解渴为目的，手捧大碗急饮者；或不断冲泡，连饮带咽者，谓之喝茶。

汉族饮茶，虽然方式有别，目的不同，但大多推崇清饮，无须在茶汤中加入姜、椒、盐、糖之类佐料，属纯茶原汁本味饮法，认为清饮能保持茶的"纯粹"和"本色"。

藏族酥油茶

酥油茶是一种在茶汤中加入酥油等佐料，经特殊方法加工而成的茶汤。酥油茶滋味多样，喝起来咸里透香、甘中有甜，它既可暖身御寒，又能补充营养。在我国西藏高原地带，人烟稀少，家中少有客人进门，偶尔有客来访，可招待的东西很少，因此，敬酥油茶便成了款待宾客的尊贵礼仪。

维吾尔族的香茶

我国维吾尔族人们的主食最常见的是用小麦面烤制的馕。进食时，总喜与香茶伴食，平日也爱喝香茶。香茶有养胃提神的作用，是一种营养价值极高的饮料。习惯于一日三次，与早、中、晚三餐同时进行，通常是一边吃馕，一边喝茶，这种饮茶方式，与其说把茶看成是一种解渴的饮料，还不如把茶说成是一种佐食的汤料，实是一种以茶代汤，用茶做菜之举。

天下茶俗

马来西亚的拉茶

拉茶是马来西亚传自印度的饮品，用料与奶茶差不多。调制拉茶的师傅在配制好料后，即用两个杯子像玩魔术一般，将奶茶倒过来，倒过去，由于两个杯子的距离较远，看上去好像白色的奶茶被拉长了似的，成了一条白色的粗线，十分有趣，因此为被为“拉茶”。拉好的奶茶像啤酒一样充满了泡沫，喝下去十分舒服。拉茶据说有消滞之功能，所以马来西亚人在闲时都喜欢喝上一杯。

新加坡的肉骨茶

肉骨茶实际上是边吃猪排边饮茶。肉骨头是选用上等的包着厚厚瘦肉的新鲜猪排，然后加入各种佐料，炖得烂烂的，有的还加进各种滋补身体的名贵药材。在吃肉的同时，必须饮茶，显得别具风味。茶必须是福建特产的铁观音、水仙等乌龙茶，茶具须是一套精巧的陶瓷茶壶和小盅。吃肉骨茶的习俗，原来是从我国福建南部和广东潮汕地区传入的，肉骨茶现在是新加坡人传统的饮品，不仅香味可口，而且别具风味。

埃及人喝糖茶

埃及人喜欢喝浓厚醇洌的红茶，但他们不喜欢在茶汤中加牛奶，而喜欢加蔗糖。埃及糖茶的制作比较简单，将茶叶放入茶杯用沸水冲沏后，杯子里再加上许多白糖。埃及人从早到晚都喝茶，无论朋友谈心，还是社交集会，都要沏茶，糖茶是埃及人招待客人的最佳饮品。

阿拉伯嚼茶

阿拉伯嚼茶是也门人民喜欢的一种茶。这种茶不是用茶叶做原料，而是用当地的一种“卡特树”的叶子制成，是非茶之茶，卡特树形如冬青，为多年生常绿树，开白色小花，但不结果。阿拉伯嚼茶的饮法十分独特，不是用水熬制，也不用茶杯饮用，而是把这种树叶放入嘴里细嚼，吸其汁水，故称为嚼茶。

俄罗斯人喝果酱茶

先在茶壶里泡上浓浓的一壶茶，然后在杯中加柠檬或蜂蜜、果酱等配料冲制成果酱茶。冬天则有时加入甜酒，以预防感冒，这种果酱茶特别受寒冷地区居民的喜爱。

阿根廷人喝马黛茶

主要是把当地的马黛树叶和茶叶混合在一起冲泡饮用，有提神解渴和帮助消化的作用。喝茶时，先将茶叶放入杯中冲上开水，再用一根细长的吸管插入大茶杯中轮流吸饮，同时还伴舞助兴，以增饮茶乐趣。

评茶常用语

形状（外形）评语

细嫩：条索细紧显毫。

细紧：条索细长卷紧而完整。

紧秀：鲜叶嫩度好，条细而紧且秀长，锋苗毕露。

紧结：嫩度低于细紧，结实有锋苗，身骨重。

紧实：紧结重实，嫩度稍差，少锋苗。

粗实：原料较老，已无嫩感，多为三四叶制成，但揉捻充足尚能卷紧，条索粗大，稍感轻飘。

粗松：原料粗老，叶质老硬，不易卷紧，条空散，孔隙大，表面粗糙，身骨轻飘，或称“粗老”。

壮结：条索壮大而紧结。

壮实：芽壮，茎粗，条索卷紧、饱满而结实。

心芽：尚未发育开展成茎叶的嫩尖，一般茸毛多而成白色。

显毫：芽叶上的白色茸毛称“白毫”，芽尖多而茸毛浓密者称“显毫”；毫有金黄、银白、灰白等色。

身骨：指叶质老嫩，叶肉厚薄，茶身轻重。一般芽叶嫩，叶肉厚，茶身重的为身骨好。

重实：指条索或颗粒紧结，以手权衡有重实感。一般是叶厚质嫩的茶叶。

匀齐：指茶叶形状、大小、粗细、长短、轻重相近。

光滑：形状平整，质地重实，光滑发亮。

末：指茶叶被压碎后形成的粉末。

扁平：扁直坦平。

片状：茶叶平摊不卷，身骨轻，呈片状。

粗糙：外形大小不匀，不整齐。

脱档：茶叶拼配不当，形状粗细不整。上、中、下三段茶配不当。

团块、圆块、圆头：指茶叶结成块状或圆块，因揉捻后解决不完全所致。

短碎：面长条短，碎末茶多，缺乏整齐匀称之感。

露筋：叶柄及叶脉因揉捻不当，叶肉脱落，丝筋显露。

黄头：粗老叶经揉捻成块状，嫩度差，色泽露黄如圆头茶。

松碎：外形松而断碎。

缺口：茶叶精制切断不当，茶条两端的断口粗糙而不光滑。

茶叶色泽用语

墨绿：深绿泛黑而匀称光滑。

绿润：色绿而鲜活，富有光泽。

灰绿：绿中带灰。

铁锈色：深红而暗，无光泽。

青绿：绿中带青，光泽稍差。

砂绿：如蛙皮绿而油润，优质青茶类的色泽。

青褐：褐中泛青。

乌润：色黑而光泽好。

猪肝色：红而带暗，似猪肝的颜色。

棕红：棕色带红，叶质较老。

蛤蟆背色：叶背起蛙皮状砂粒白点。

枯暗：叶质老，色泽枯燥且暗无光泽。

花杂：指叶色不一，老嫩不一，色泽杂乱。

茶汤颜色评语

艳绿：水色翠绿微黄，清澈鲜艳，亮丽显油光，为质优绿茶的汤色。

绿黄：绿中显黄的汤色。

黄绿（蜜绿）：黄中带绿的汤色。

浅黄：汤色黄而淡，亦称浅黄色。

金黄：汤色以黄为主稍带橙黄色，清澈亮丽，犹如黄金之色泽。

橙黄：汤色黄中带微红，似成熟甜橙之色泽。

橙红：汤色红中带黄似成熟桶柑或椪柑之色泽。

红汤：烘焙过度或陈茶之汤色浅红或暗红。

凝乳：茶汤冷却后出现浅褐色或橙色乳状的浑汤现象，品质好滋味浓烈的红茶常有此现象。

茶汤滋味评语

浓烈：味浓不苦，收敛性强，回味干爽。

鲜爽：鲜活爽口。

鲜浓：口味浓厚而鲜爽。

甜爽：滋味清爽，带有甜味。

回甘：茶汤入口后回味有甜感。

醇厚：茶汤鲜醇可口，回味略甜，有刺激性。

醇和：滋味欠浓，鲜味不足，无粗杂味。

淡薄：滋味正常，但清淡，浓稠感不足。

粗淡：味粗而淡薄。

粗涩：原料粗老而涩口。

生涩：涩味且带生青味。

苦涩：滋味虽浓但苦味涩味强劲，茶汤入口，味觉有麻木感。

茶叶香气评语

清香：清纯柔和，香气欠高，但很幽雅。

幽香：茶香优雅而文气，缓慢而持久。

清高：清香高爽，柔和持久。

松烟香：茶叶吸收松柴熏焙的气味，为黑毛茶和烟小种的传统香气。

馥郁：香气鲜浓而持久，具有特殊花果的香味。

青气：带有鲜叶的青草气。

高火：茶叶加温过程中温度高、时间长，干度十足所产生的火香。

甜香：香气高而具有甜感，似足火甜香。

纯正：香气纯净而不高不低，无异杂味。

花香：香气鲜锐，似鲜花香气。

浓香：香气饱满，无鲜爽的特点，或者指花茶的耐泡率。

鲜嫩：具有新鲜悦鼻的嫩香气。

闷气：一种不愉快的熟闷气。

异气：感染了与茶叶无关的各种气味。

图书在版编目（CIP）数据

茶道入门：从零开始学 / 戴玄编著. -- 南京：江苏凤凰科学技术出版社，2019.1
（汉竹•健康爱家系列）
ISBN 978-7-5537-9779-3

Ⅰ. ①茶… Ⅱ. ①戴… Ⅲ. ①茶文化－基本知识－中国 Ⅳ. ① TS971.21

中国版本图书馆 CIP 数据核字 (2018) 第 240896 号

中国健康生活图书实力品牌

茶道入门 从零开始学

编著	戴 玄
主编	汉 竹
责任编辑	刘玉锋 黄翠香
特邀编辑	孙 静
责任校对	郝慧华
责任监制	曹叶平 方 晨
出版发行	江苏凤凰科学技术出版社
出版社地址	南京市湖南路1号A楼，邮编：210009
出版社网址	http://www.pspress.cn
印刷	南京精艺印刷有限公司
开本	720 mm×1 000 mm 1/16
印张	11
字数	220 000
版次	2019年1月第1版
印次	2019年1月第1次印刷
标准书号	ISBN 978 7 5537 9779-3
定价	45.00元